Gabriela Behling

Frisches Futter für ein langes Hundeleben

Expertenwissen und Rezepte für eine gesunde Hundeernährung

Konrad-Zuse-Straße 3 • D-54552 Nerdlen/Daun
Fon: 06592 957389-0
Fax: 06592 957389-20
www.kynos-verlag.de

Bildnachweis:
Umschlagfotos:
Großes Foto vorne: Gabriela Behling/Kynos Verlag
Kleine Fotos von oben nach unten: 1., 4., ©shutterstock.com; 2. ©felix/fotolia.com;
3. ©Alex Staroseltev/fotolia.com; 5. ©Elenathewise/fotolia.com; 6. ©gradt/fotolia.com
Hinten: Gabriela Behling

Fotos im Buch:
Gabriela Behling: S. 10; 11; 18; 21; 25; 36; 38; 48; 57; 72; 105; 109; 127; 187
©Willee Cole/fotolia.com: 150 unten; ©cynoclub/fotolia.com: 111; ©polylooks.de: 45 (2.); ©shutterstock.com: S. 23; 32; 44; 45 (1., 3., 4.); 53; 78; 92; 112 - 124; 134; 144 - 156; 172; 183; 193; 195; 203; 205; ©Monika Wisniewska/fotolia.com: 34

Gedruckt in Lettland

ISBN 978-3-942335-06-5

Inhaltsverzeichnis

Die Autorin

Gabriela Behling, geboren am 03.04.1954 in Hanau. Studium der Pharmazie in Frankfurt am Main von 1974 - 1978. Selbstständig tätig in einer großen Landapotheke von 1979 - 1999. Schwerpunkte in der Tätigkeit u.a. mit individueller Ernährungsberatung generell sowie im Krankheitsfall. Während dieser zwanzig Jahre vertrauensvolle Anlaufstelle auch insbesondere für Gesundheitsfragen bezüglich Pferden und Hunden aufgrund eigener langjähriger Erfahrung. Von 2000 - 2004 Studium der Philosophie (Johann-Wolfgang-Goethe Universität) und Studium der Psychoanalyse (Sigmund-Freud-Institut) in Frankfurt am Main. Seit 2008 erfolgreiche Ernährungsberatung für gesunde und kranke Hunde aller Rassen über die eigene Internetseite:
www.futterschuessel-fuer-den-Hund.de

Widmung

Zuerst gilt der Dank meinen Eltern, die mir eine gute »Primärausstattung« mitgegeben haben, so dass ich in der Lage bin, mich in intellektueller Form mit den wichtigen Dingen des Lebens erfolgreich auseinanderzusetzen. Ganz besonders möchte ich mich jedoch an dieser Stelle bei meinem Mann Dr. med. Carl Behling (Facharzt für Orthopädie) bedanken, dass er stets meine von Kindheit an große Leidenschaft zu Pferden und vor allem zu Hunden nicht nur geteilt, sondern mit allen Kräften unterstützt hat und dafür sogar vor vielen Jahren seine eigene Tenniskarriere als guter Spieler wegen unserer gemeinsamen Tiere aufgegeben hat. Danke auch für die Unterstützung und Entlastung bei dem erheblichen Zeitaufwand, den das Buch in Anspruch genommen hat und ebenso für den fachlichen Gedankenaustausch und das Korrekturlesen. Ebenso bedanken möchte ich mich bei meinem »Quasi-Bruder« Adolf Neudert. Wir haben zwanzig Jahre lang die Main-Apotheke gemeinsam geführt und er hat mir immer wieder den Rücken freigehalten für mein zeitliches Engagement mit meinen Pferden und meinen Hunden. Dazu verbindet uns eine Freundschaft von meiner Kindheit bis heute.

Vielen Dank Dr. med. vet. Uwe Grözinger für die eine oder andere wichtige Anregung und das Korrekturlesen.

Vorwort

Noch ein Buch über Hundeernährung – gibt es denn dazu noch Neues zu sagen? Ich meine schon! Auf dem Markt gibt es zwar einige Bücher, die sich mit diesem Thema beschäftigen. Ein (geringer) Teil davon ist so wissenschaftlich, dass er für den Nichtmediziner als Hundehalter wenig verständlich und somit sehr schwer umsetzbar ist. Ein anderer Teil hebt in höchst anspruchsvolle kulinarische Zubereitungen ab oder strapaziert den Leser mit permanenten Energiebedarfsberechnungen. Und wie ich außerdem in vielen Jahren beratender Gespräche mit Hundehaltern immer wieder feststellte, ist die Verunsicherung in Sachen Hundeernährung sehr groß. Gibt es bessere Alternativen als eine ausschließliche Ernährung mit industriell hergestelltem Fertigfutter? Ist BARF, die Ernährung mit ausschließlich rohem Fleisch, Knochen, Obst und Gemüse wirklich das einzig Wahre? Wie kann ich meinen Hund mit frischen Zutaten gesund ernähren, ohne Mangelerscheinungen befürchten zu müssen und ohne täglich komplizierte Rationsberechnungen anzustellen?

Mein persönliches Interesse an einer tiefergehenden Beschäftigung mit der Frage gesunder Hundeernährung hängt mit der Rasse der Dalmatiner zusammen, mit der ich seit 1980 verbunden bin. Seit vielen Jahren züchten mein Mann und ich in unserem in Alleinlage im Wald gelegenen Anwesen Dalmatiner – stets in großen Abständen, um all unseren Hunden individuell tagtäglich gerecht werden zu können. Und selbstverständlich halten wir alle Hunde »als Familienmitglieder« zusammen bei uns im Haus. Dalmatiner haben, wie man heute weiß, eine Stoffwechselbesonderheit, die eine sorgsame, nicht nur purinarme, sondern auch proteinreduzierte Fütterung erfordert, um dieser Tatsache Rechnung zu tragen und Nierenschäden zu vermeiden. Näheres dazu lesen Sie ab Seite 134.

Mit den Jahren entwarf ich so aufgrund dieser Erkenntnisse meine eigene, mediterran inspirierte proteinreduzierte Fütterung, die, wie sich zeigte, auch Hunden anderer Rassen sehr gut tut und langfristig bekommt. Erfolge dieser Ernährung konnte ich außer bei unseren eigenen

Hunden im hohen Maße in meiner Ernährungsberatung sehen, die über eine eigene Internetseite (www.futterschuessel-fuer-den-hund.de) sehr guten Zuspruch hat. Über den auch nach der akuten Beratung gehaltenen Kontakt mit den vierbeinigen Kunden konnte ich die Erfolge und mich selbst in besonders schwierigen Beratungsfällen kontrollieren.

Unsere Dalmatiner erreichten mit dieser mediterran geprägten Fütterung alle ein biblisches Alter zwischen 14 und 15 Jahren. Auch unser Rhodesian Ridgeback wurde 13,5 Jahre alt. Inzwischen haben wir neben unseren Youngstern auch wieder kerngesunde, vitale ältere Dalmatiner, die mit 12 und 13 Jahren noch mehrere Kilometer wöchentlich gerne am Rad laufen. Leider erwies sich eine aus Holland als Welpe dazugekaufte Hündin als schwere Allergikerin. Durch ihre Erkrankung haben wir einschlägige, praktische Erfahrung in der speziellen Fütterung von Allergikern sammeln können, denn sie reagiert auf bestimmte Futtermittel extrem sensibel mit der Haut und verstärkt mit dem Magen-Darm-Trakt.

Meine Überzeugung ist: Mit bester Absicht ihrer Besitzer werden heutzutage viele Hunde regelrecht »zu Tode gefüttert« – durch eine viel zu eiweiß- und phosphorreiche, sprich energiereiche Nahrungsgrundlage.

Mit diesem Buch möchte ich daher gerne eine ausführliche und praktikable Grundlage auf der Basis wissenschaftlicher Fakten und mit eigener langjähriger, positiver Erfahrung schaffen, um Hunde gesund, individuell auf das Alter und auf den jeweiligen Gesundheitszustand angepasst mit frisch zubereitetem, gesundem Futter ernähren zu können.

Die eben erwähnte uronephrologische Erbbesonderheit der Nieren und der ableitenden Harnwege beim Dalmatiner wie auch bei der Englischen Bulldogge wird in einem Kapitel gesondert berücksichtigt.

Das Vorwort möchte ich mit Zitaten über »Die Dankbarkeit« aus dem Buch »Ermutigung zum unzeitgemäßen Leben« von Andre Comte-Sponville Professor der Philosophie an der Sorbonne schließen.

»Die Dankbarkeit ist die angenehmste aller Tugenden; allerdings nicht die leichteste. Warum sollte sie leicht sein? Die Dankbarkeit ist ein sekundärer Genuss, der einen primären verlängert: gleichsam ein Echo der Freude auf die empfundene Freude, ein Glück mehr für ein Mehr an Glück. Was gäbe es Einfacheres? Freude des Empfangens, Freude des Sich-Freuens: Dankbarkeit. Dass sie eine Tugend ist, besagt allerdings schon, dass sie nicht selbstverständlich ist, dass sie fehlen kann, dass es folglich – obwohl sie Vergnügen bereitet, oder vielleicht deswegen – ein Verdienst ist, sie zu empfinden. Aber warum? Die Dankbarkeit ist ein Geheimnis, nicht durch das Vergnügen, das sie beschert, sondern durch das Hindernis, das man durch sie überwindet. Undankbarkeit ist nicht die Unfähigkeit zu empfangen, sondern die Unfähigkeit, etwas von der empfangenen oder empfundenen Freude zurückzugeben, sei es als Freude oder als Liebe. Undankbarkeit ist darum so häufig. Wir verschlucken die Freude wie andere das Licht: schwarzes Loch des Egoismus.«

Gabriela Behling, im Mai 2010

Vorwort Dr. Grözinger

Als Tierarzt schreibt man nie oder selten ein Vorwort zu einem Buch. So musste ich mir erst einmal Gedanken machen, was ein Vorwort eigentlich ist. Und der erste Hinweis, auf den ich stieß, war, dass es kurz und knapp sein muss, weil es sowieso kein Mensch liest. Außerdem soll es Appetit machen auf das Eigentliche, wie eine Vorspeise auf das Essen, oder besser gesagt auf das Futter.

Und damit sind wir schon beim Thema. Dieses Buch ist nicht nur deshalb empfehlenswert, weil es überaus lecker klingt und man beim Lesen mit jeder Seite mehr bedauert, dass man nicht als Dalmatiner in die Zucht der Autorin hineingeboren wurde. Das Wesentliche an diesem Buch ist, dass es die zentralen Themen beleuchtet, die die Verbindung von Ernährung und Gesundheit unserer Hunde ausmachen: Proteine und Phosphor zum Beispiel, um zwei der Wichtigsten vorab zu nennen. Bezeichnenderweise für unsere Zeit geht es in beiden Fällen um das Zuviel, das Probleme machen kann. Unsere Hunde leiden eher an der Überversorgung als an der Unterversorgung, wie es noch vor einigen Jahrzehnten der Fall war.

In einer Zeit, in der Zeit, weil knapp, das höchste Gut geworden ist, haben wir die Ernährung unserer Haustiere an die Futtermittelindustrie abgegeben. Das hat viele Vorteile, bringt aber auch Nachteile mit sich. Denn die Futtermittelindustrie unterliegt den Gesetzen des Marktes. Die damit verbundenen, weit verzweigten Auswirkungen auf das Produkt Hundefutter hier umfassend darzustellen würde den Rahmen eines Vorwortes sprengen. Die Autorin legt in diesem Buch dar, wie man das Heft wieder selbst in die Hand nehmen kann und dabei trotzdem die Vorteile des Fertigfutters mit hinein nimmt, indem sie die Hälfte der Ernährung mit intelligent ausgewähltem, kommerziellem Futter bestreitet. Die andere Hälfte aber ist selbst zubereitetes, auf die individuellen Bedürfnisse des Hundes ausgerichtete Nahrung, die Schmackhaftigkeit und Akzeptanz ebenso berücksichtigt wie die Zufuhr von Mineralien, Spurenelementen, Vitaminen und sekundären Pflanzenstoffen.

Die Autorin streicht damit sozusagen durch Wald und Flur für unseren Hund, der nicht mehr selbst auf die Jagd gehen kann, um sich das zu holen, wonach sein Körper verlangt.

Auf diesen Streifzug möchte ich Sie gerne einladen mit dem Versprechen, dass Sie sich Appetit holen werden und wieder mehr Lust am Zusammenstellen und Zubereiten des Futters für Ihren Vierbeiner bekommen werden. Ihr Hund wird es Ihnen danken.

Dr. med. vet. Uwe Grözinger
Tierarzt, Homöopathie, physikalische Therapie in Alzenau

Vorwort Dr. Stengel

Ich betreue seit ca. 3 Jahren gelegentlich zu internistischen Routinekontrollen die Hunde des Ehepaares Behling. Dazu gehört natürlich auch die Prophylaxe und Therapie von urogenitalen Erkrankungen wie Nierenfunktionsstörungen oder auch Blasensteinen. Dabei konnte ich feststellen, dass sich bei keinem der Behling'schen Hunde Hinweise auf Nieren- oder Blasensteine oder auf eine Nierenfunktionsstörung finden. Auch sind sie alle, ob jung oder alt, bei bester Gesundheit. Dies ist bei Dalmatinern nicht selbstverständlich. Viele meiner Dalmatiner Patienten haben Blasensteine und alle damit verbundenen Probleme wie Harnabsatzstörungen und chronische Blasenentzündungen. Das Auftreten von Blasensteinen bei Hunden ist in vielen Fällen genetisch bedingt, nicht nur beim Dalmatiner, sondern auch bei einigen anderen Hunderassen. Im Fällen eines Gendefektes kann das Auftreten von Steinen im Harntrakt nur durch Verminderung der Konzentration der den Stein bildenden Substanzen im Urin verhindert werden. Dies geschieht durch Minderung der Aufnahme dieser Substanzen und durch Verdünnung und damit der Minderung der Konzentration des Urins. Aus diesem Grund bin ich der Meinung, dass das Fehlen solcher Steine bei Behlings Hunden auf deren Ernährung zurückzuführen ist.

Damit will ich nicht sagen, dass die in diesem Buch beschriebene Fütterung die einzig mögliche Art ist, Hunde zu füttern und Harnsteine und Nierenerkrankungen zu verhindern. Mein eigener Hund, ein uriger Rauhaardackel, bekommt Fertigfutter, trocken und feucht, manchmal auch rohes oder gekochtes Fleisch, und viele fleischfreie Nahrungsmittel und hin und wieder selbst gefangene Mäuse, vor Gemüse allerdings würde er verhungern. Aber – und das ist das Entscheidende – es zeigt deutlich, dass bei prädisponierten Hunderassen und Hunden, bei denen Harnsteine gefunden wurden, die Ernährung die einzig sinnvolle Prophylaxe darstellt. Wenn dies berücksichtigt wird, können auch Dalmatiner & Co. »steinfrei« leben.

Dr. med. vet. Ch. Stengel
Internistische Tierärztin, Tierklinik Hofheim/Ts.

Wie wir auf den Dalmatiner kamen

Mein Mann und ich hatten mehr als 25 Jahre lang eigene Pferde. Über die Leidenschaft zu den Pferden, verbunden mit einer kleinen, aber feinen Zucht auf Trakehnerbasis, später American Quarterhorse, Freizeitreiterei und zwanzigjähriger eigener Dressurkarriere, entstand mit der Reiterei auch der Wunsch nach einem Hund. Es sollte selbstverständlich eine Rasse sein, die hinsichtlich ihrer leichten Erziehbarkeit, ihrer Lauffreude, ihrer Gesundheit und Belastbarkeit bezüglich der Knochen sowie der Wildneutralität mit dem Hobby der Pferde harmoniert.

Im Jahr 1980 kauften wir über Empfehlung der Welpenvermittlung im DDC unseren ersten Dalmatiner Wladimir. »Wladi« kam aus einer sogenannten renommierten Zuchtstätte. Seine Züchterin galt als eine sehr erfahrene Züchterin, denn sie hatte bereits zweimal das Alphabet durchgezüchtet. Sie warb mit ihrer jahrelangen Erfahrung und mit den auf Ausstellungen erfolgreichen Hunden. Da uns diesbezüglich jegliche Erfahrung fehlte und diese Zuchtstätte uns zusätzlich empfohlen wurde, glaubten wir uns gut aufgehoben und beraten. Zum damaligen Zeitpunkt wurden wir weder von der Züchterin noch von unserem Tierarzt darauf aufmerksam gemacht, dass die ansonsten in Abhängigkeit von einigen Blutlinien überwiegend robuste Rasse eine uronephrologische Erbbesonderheit im Harnsäurestoffwechsel hat. Diese rassetypische Besonderheit setzt lebenslang eine auf die Stoffwechselanomalie abgestimmte, insbesondere purinbilanzierte Fütterung voraus.

Aus Schaden zum Leid von Mensch und Tier klug geworden

Dem Rat der »erfahrenen Züchterin« und unseres damaligen Tierarztes folgend, wurde unser Wladimir (er wog 24 kg) mit circa 500 g Rinderherz oder auch mal mit der gleichen Menge Rindfleisch täglich gefüttert. Als ein Schaden zu erkennen war, weil Wladi häufig erbrechen musste und wir zeitgleich zu einer Tierärztin wechselten, die mit der Stoffwechselbesonderheit der Rasse vertraut war, konnten selbst intensivste Bemühungen der Tierärztin und ein zusätzlicher Erfahrungsaustausch mit der Gießener Universitätsklinik unseren lieben Wladimir nicht mehr retten. Jede Hilfe kam leider zu spät und er musste wegen Nierenversagens mit gerade einmal neun Jahren eingeschläfert werden. In unserer Verzweiflung wandten wir uns einige Tage nach seinem Tod an die Universitätsklinik in Gießen und fragten nach, was es genau mit der gesamten Harnsäureproblematik dieser Rasse auf sich habe und was man zur Vorbeugung hätte tun können bzw. müssen. Hier wurden wir klar darauf hingewiesen, dass wir Wladimir, nachdem er ausgewachsen war, immer purinarm, proteinreduziert und phosphorarm hätten füttern müssen. Parallel dazu informierten wir die Züchterin, die dieser Problematik lediglich mit unglaublicher Ignoranz begegnete – nämlich mit dem lapidaren Satz: »Das ist alles Quatsch, ein Dalmatiner hat noch nie eine besondere Fütterung gebraucht.« Damit entfiel jede Gesprächsgrundlage und es blieb offen, ob die »gepriesene Züchterin« inkompetent oder skrupellos war. Nach großer Trauer um den offensichtlich zu frühen und mit anderer Fütterung vermeidbaren Tod hatten wir aus dem Schaden gelernt.

Mediterrane Fütterung zum gesundheitlichen Wohl unserer Hunde

Bei unserem zweiten Dalmatiner Anthony vom Hirschbachtal, der übrigens mit 14,5 Jahren aus Altergründen ging, machten wir uns mit unserem berufsbedingten medizinischen Hintergrund selbst über diverse Quellen schlau. Es folgten etliche Gespräche mit kompetenten und auf diesem Gebiet erfahrenen Tierärzten, denn auch wir hatten ja durch den »hingefütterten Nierentod« unseres Wladis die schmerzliche Erfahrung machen müssen, dass sich offensichtlich nicht alle Tierärzte mit der Harnsäureproblematik und einer daraus resultierenden besonderen Ernährungsanforderung auskennen. Unabhängig davon beschäftigten wir uns eingehend mit entsprechender veterinärmedizinischer Fachliteratur und arbeiteten Nährwerttabellen der Deutschen Forschungsanstalt für Lebensmittelchemie durch.

Ganz besonders wichtig waren für uns die Gespräche mit unserem langjährigen Freund Prof. Dr. Alberto Gaudenzi, Chef der Orthopädie in Viterbo bei Rom, der seit über 30 Jahren Jagdhunde (Pointer und Setter) führt. Seine ausgewachsenen Hunde werden täglich mit gekochter Pasta, frischem Gemüse und frischem Obst, kaltgepresstem Olivenöl und lediglich 100 - 150 g Fleisch gefüttert. Dies geschieht nicht mangels finanziellen Engagements, sondern auf Empfehlung eines mit ihm scit ctlichen Jahren befreundeten und renommierten Tierarztes in Rom. Der Erfolg gibt unserem Freund seit Jahren recht. Seine Hunde haben glänzendes Fell, sind topfit und werden fast alle über 13 Jahre alt. Mit Lachen betont er immer die »mediterrane Ernährung« sei eben nicht nur für Menschen gesund, was man seit Jahren weiß, sondern auch für Hunde.

Über mehr als 12 Jahre hatten wir ein Haus in der Toskana mit mehr als zehntausend Quadratmeter extra für die Hunde eingezäuntem Gelände. So haben wir uns nicht nur mit der klangvollen italienischen Sprache angefreundet, sondern auch die italienische Mentalität mit dem

ihr eigenen Lebensstil im Laufe der Jahre schätzen und lieben gelernt – und ebenso die natürliche, immer frische landestypische Küche mit weniger tierischem Eiweiß und dafür immer reichlich frischem Gemüse, frischem Salat, frischen Kräutern, mit Nudel oder Maisgrieß oder Reis als Grundlage, nicht zu vergessen das täglich verwendete kaltgepresste Olivenöl. Diese Art einer erwiesenermaßen sehr gesunden und für uns wohlschmeckenden Küche haben wir nicht nur »als Souvenir« mitgenommen, sondern uns im eigenen Interesse und auch zum Wohl unserer Hunde angeeignet und beibehalten. Meine Mutter, die selbst mediterranen Ursprungs war, hatte stets Hunde unterschiedlicher Rassen. All ihre Hunde wurden bei bester Gesundheit mit dieser Art von Fütterung sehr alt.

Bei dieser »mediterranen Fütterung«, die wir seit dem Tod unseres Wladimir mit Erfolg praktizieren (auch unser erster Rhodesian Ridgeback, die Hündin Ama, wurde damit biblische 13,5 Jahre alt) gibt es keine »Schwarz-Weiß-Malerei«, wie man sie zwischen den Verfechtern des Trockenfutters einerseits und des »Barfens« andererseits findet.

Ideologie oder Tatsachen?

Es ist erstaunlich, mit welcher Vehemenz und Emotionalität oftmals in Fragen der richtigen Hundeernährung für die ein oder andere Richtung Stellung bezogen wird. Nüchterne Fakten bleiben häufig unberücksichtigt oder werden nach Bedarf »zurechtgebogen«. Nicht gerade hilfreich für den Hundebesitzer, der sich objektiv und umfassend informieren möchte.

Ansichten zum Thema Trockenfutter und »Barfen«

Zur Verunsicherung zahlreicher Hundebesitzer ist in den letzten Jahren fast so etwas wie ein Glaubenskrieg ausgebrochen zwischen den Befürwortern des »Barfens« und den Verteidigern des Trocken- oder Fertigfutters. (»BARF« steht als Akronym für »Biologisch Artgerechte Roh-Fütterung«, ursprünglich englisch »Biologically Available Raw Food« oder auch »Bones And Raw Food« und bezeichnet eine Hundeernährung, die ausschließlich rohe, ungekochte Zutaten wie Frischfleisch, rohe Knochen, rohes, püriertes Obst und Gemüse verwendet).

Beide in dogmatischer Weise agierende Interessengruppen, Tierarztkreise teilweise mit einbezogen, bedienen sich oftmals der wirksamen Psychologie der Angst des Verbrauchers.

Diejenigen, die ein Plädoyer für Trockenfutter halten, versteifen sich auf die Behauptung, dass nur das Trockenfutter eine gesunde Ernährung darstelle, weil es alles in ausgewogener Menge enthalte. Hier wird unterstellt, dass quasi niemand in der Lage wäre, ein ausgewogenes Futter selbst frisch zusammenzustellen. Unabhängig von der Tatsache, dass Trockenfutter als Alleinfutter auch sehr häufig der Bequemlichkeit der Hundebesitzer entgegenkommt, arbeitet es sich leicht mit der Psychologie der Angst, indem bei frisch zusammengestellten Futter voreilig und primär gleich mögliche Mangelschäden unterstellt werden.

»Barfen« ist für viele Hundebesitzer, die auf der Suche nach der idealen Fütterung für ihren Hund sind, zum dogmatischen Zentrum allen Strebens geworden. »Barfgegner« werden mitunter angefeindet, als gin-

ge es um Leben und Tod – man glaubt sich in mittelalterliche Zeiten der Glaubenskriege versetzt! Außer dem immer wiederkehrenden Verweis auf den Wolf und seiner Ernährungsgewohnheiten wird dabei in der Regel aber keinerlei fachlicher Hintergrund vermittelt, weil er schlicht und einfach fehlt. Somit führen die »dogmatischen Barfer«, wie ich sie einmal nennen möchte, für ihre Art der Fütterung stets die Tatsache ins Feld, dass der Hund schließlich vom Wolf abstamme und dieser sich in erster Linie nur von rohem Fleisch und je nach Bedarf auch aus pflanzlicher Kost ernähre. Dieser Argumentation könnte man, wenn man sich auf das gleiche Niveau begeben würde, polemisch entgegnen: »Der Mensch stammt vermutlich vom Affen ab, aber weder lebt er auf Bäumen noch ernährt er sich von Bananen.« Mir ist es jedoch wichtig, im Interesse meiner Leser nachweisliche Zusammenhänge und fundierte Kenntnisse zu vermitteln.

Oft werden beim »Barfen« sämtliche Hunde unabhängig von Besonderheiten der Rasse und vom jeweiligen Gesundheitszustand (selbst Hunde mit Harnsteinen oder Nierenerkrankungen) mit zu hohen Mengen Fleisch und Geflügelhälsen gefüttert – in dem festen Glauben, damit das einzig Richtige für die Gesundheit zu tun.

Es ist aber medizinisch belegt, dass Nierenerkrankungen nicht nur zu den häufigsten Erkrankungen der Hundesenioren gehören, sondern dass das Nierenversagen mit die häufigste Todesursache aller Hunderassen bei den Hundesenioren ab sieben Jahren darstellt.[1] Auch beim gesunden alten Hund ist die glomeruläre Filtrationsrate um etwa ein Drittel reduziert und die Konzentrationsfähigkeit deutlich eingeschränkt. Daher benötigen Hundesenioren unbedingt eine eiweißreduzierte und phosphorreduzierte Fütterung, um die Nieren zu entlasten. Das Eiweiß muss jedoch hochverdaulich und hochwertig sein (Huhn, Pute, Rind, magerer Fisch, Milchprodukte, Eier – keine Innereien). Im Fall von Nierenerkrankungen müssen Eiweiß- und Phosphorzufuhr absolut restriktiv gehandhabt werden. Viel frisches Fleisch, so verlockend dieser Gedanke vielleicht für manchen Hundebesitzer erscheinen mag, ist in jedem Fall zu vermeiden.

[1] vgl. Niemand, Prof. Hans G. und Suter, Prof. Peter F.: Praktikum der Hundeklinik. Parey Verlag, Stuttgart, 9. Auflage 2004.

Leider sind auch akademische Grade in der Veterinärmedizin nicht immer unbedingt ein Garant dafür, dass eine Person wirklich über Kompetenz in Fragen der Hundeernährung verfügt. Hier drei Fallbeispiele aus eigener Erfahrung dafür, wie folgenschwer eine fehlerhafte Fütterungsberatung sein kann.

Fallbeispiel 1: Unser erster Dalmatiner wog 24 kg und wurde von uns auf Rat unseres damaligen Tierarztes mit täglich 500 g Fleisch gefüttert. Wir haben ihn im guten Glauben und im Vertrauen auf die Kompetenz des Tierarztes mit neun Jahren ins Nierenversagen gefüttert – mit tödlichem Ausgang. Im Nachhinein wurde uns diese Fütterung als Ursache von einem Veterinärmediziner der Gießener Universitätsklinik bestätigt.

Fallbeispiel 2: Unsere Dalmatinerhündin Lena erwies sich mit acht bis neun Monaten als Futtermittelallergikerin und sollte nunmehr mit Pferdefleisch, Reis und Kartoffeln ernährt werden. Uns wurde damals von einer Tierärztin eine Fachtierärztin für Ernährung zur Beratung empfohlen. Von ihr erhielten wir den Rat, unsere Lena mit 20 kg Körpergewicht in diesem Alter mit 400 g Pferdefleisch täglich zu füttern. Da wir selbst über die Jahre einschlägige Kenntnisse angesammelt hatten, ließen wir sowohl vor dieser Ernährungsberatung als auch dreieinhalb Monate nach der Futterumstellung auf die genannten hohen Fleischmengen gemäß Beratung ein großes Blutbild machen. Das war unser und Lenas Glück, denn ihre zuvor normalen Nierenwerte lagen nun bereits deutlich im pathologischen Bereich. Wir reduzierten die Fleischmenge sofort auf 200 g Pferd pro Tag und ließen nach drei Monaten erneut die Nierenwerte kontrollieren. Die Werte waren etwas besser, aber immer noch im pathologischen Bereich. Daraufhin reduzierten wir auf 100 g Pferdefleisch pro Tag, und nach drei Monaten waren Lenas Nierenwerte wieder ganz in Ordnung. Wir füttern Lena seitdem mit 100 g Pferd pro Tag. Sie ist inzwischen vier Jahre alt, hat glänzendes Fell, eine ausgeprägte, gute Muskulatur und bei den jährlichen Kontrollen ein einwandfreies Blutbild.

Fallbeispiel 3: Ein zweijähriger Dalmatinerrüde wurde aufgrund eines Hautbefundes in einer renommierten Tierklinik vorgestellt, wo man ihm bezüglich seiner Haut sehr gut helfen konnte. Der gleiche Rüde hat, seit er acht Monate alt ist, außerdem Harnkristalle auf Uratbasis (Harnsäure). Die Besitzer befolgten zuerst eine Fütterungsempfehlung ihres Tierarztes, die sich als unbefriedigend erwies. Danach probierten sie in Unkenntnis und gutem Glauben das Barfen aus, was durch ein Zuviel an Proteinen logischerweise mit Misserfolg enden musste, denn Proteine werden u. a. auch zu Harnsäure abgebaut. Hier nutzt das Vermeiden vom purinreichen Nahrungsmitteln alleine nichts. Zuletzt setzten sie sich dann in ihrer Verzweiflung und auf Anraten der renommierten Tierklinik, in der man ihrem Rüden so gut bei seinen Hautproblemen geholfen hatte, mit einer Fachtierärztin für Ernährung in Verbindung. Diese riet ihnen, den Hund nur noch einmal pro Tag mit 300 g Fleisch zu füttern. Der Erfolg dieser »kompetenten Beratung« war: Der Rüde bekam zunehmend mehr Probleme, war inzwischen voll mit Uratkristallen und sollte einen künstlichen Ausgang bekommen. Schließlich kamen die Besitzer über unsere Internetseite mit mir in Kontakt und nahmen dankbar meine Beratung zur »Dalmatiner-spezifischen« Ernährung an. Zwölf Wochen später war der Rüde erstmalig frei von Uratkristallen. Meine Ernährungsvorschläge werden nunmehr dauerhaft eingehalten. Im Winter 2009 wurde zur Kontrolle der Urin untersucht mit dem erfreulichen Ergebnis, dass der Rüde kein einziges Kristall im Urin hatte. Unabhängig vom Untersuchungsergebnis fühlt sich auch der zweite Rüde mit meiner abwechslungsreichen, frischen Ernährung rundum wohl.

Diese Fallbeispiele sind nur einige von vielen. Inzwischen könnte ich Seiten füllen mit Geschichten von Hunden verschiedener Rassen, die durch die Fütterung zu hoher Fleischmengen gesundheitlichen Schaden genommen haben. Die Tatsache der Harnsäureproblematik als generelle Rassebesonderheit bei Dalmatinern und Englischen Bulldoggen bleibt in der Regel völlig unbeachtet. Offensichtlich ist auch der enzymatische Abbau von tierischem Protein vielen »Experten« völlig unbekannt, denn dabei entsteht neben dem Harnstoff unter anderem auch immer Harnsäure. Diese sich aus einer Stoffwechselbesonderheit ergebende Problematik wird im Kapitel über Dalmatiner noch ausführlich beschrieben werden, Grundsätzlich sollte diese generelle Stoffwechselbesonderheit beider Rassen im Rahmen einer gesunden Ernährung stets berücksichtigt werden.

Der Rohproteingehalt und damit verbunden auch der Phosphorgehalt pro Tag sind beim Barfen durch den viel zu hoch bemessenen Fleischanteil mit bis zu 80 % der Gesamtfuttermenge immer zu hoch und keineswegs »individuell angepasst«. Auch wenn in einigen Büchern zum Thema »BARF« vom Ca/P-Verhältnis die Rede ist, so kommt es jedoch in der Praxis durch das tägliche Überangebot mit Fleisch, Knochen und häufig noch hinzu gefütterten Eierschalen, wo beispielsweise in 100 g Eierschalen 37.000,00 mg Phosphor enthalten sind, zu einer ständigen Überfrachtung mit Phosphor. Durch lückenhafte Kenntnisse in der genauen Zusammensetzungen von Nahrungsmitteln, die wiederum Voraussetzung für eine ausgewogene und somit gesunde Ernährung sind, und gleichzeitig fehlendes Wissen über medizinische Zusammenhänge, können daher ernstzunehmende Probleme beim Barfen entstehen. Die gesundheitsschädigenden Folgen treten bei fehlerhafter Ernährung häufig erst nach längerer Zeit ein, so dass »das Kind bereits in den Brunnen gefallen ist«, bevor der Hundebesitzer reagieren kann.

»Rohproteingehalt und Phosphorgehalt des Futters sind beim »Barfen« fast immer zu hoch und damit potenziell nierenschädigend.«
(G. Behling)

Ein Überschuss an Phosphor durch permanent zu hohe Eiweißmengen einerseits und durch Kombination mit phosphorreichem Getreide wie beispielsweise dem hirseähnlichen Getreide Amarant andererseits belasten die Nieren des Hundes enorm. Der Überschuss an Phosphor muss ständig über die Nieren eliminiert werden, sodass diese täglich Höchstleistungen vollbringen müssen. Die Tatsache, dass die Phosphorzufuhr mit der Nahrung im engen Zusammenhang mit der Eiweißzufuhr steht, nämlich eiweißreiche Nahrungsmittel immer auch viel Phosphor enthalten, wird offensichtlich vergessen oder ist nicht bekannt. Ein Überschuss an Phosphor über einen langen Zeitraum ist nachweislich nierenschädigend, und zwar unabhängig von der Hunderasse, und kann zur Niereninsuffizienz mit Nierenversagen führen.

Nach Informationen des großen US-amerikanischen Labors »Antech Diagnostics« wurden bei 227 gesunden, erwachsenen Hunden verschiedener Rassen mit durchschnittlichem Alter von 3,52 - 5,67 Jahren, nachdem sie über einen Zeitraum von 2,54 - 2,84 Jahren nach BARF ernährt wurden, Nierenparameter in Form von Hämatokrit, Harnstoff und Kreatinin im Blut bestimmt. Bei allen Hunden waren ohne Ausnahme die drei Nierenparameter deutlich höher als bei der Vergleichsgruppe, die über den gleichen Zeitraum mit getreidebasiertem Fertigfutter gefüttert wurden.[2]

[2] Antech Diagnostics News, June 2003, p. 2

Auch das Thema des Säure-Basen-Haushaltes wird unter den Befürwortern des »Barfens« meiner Meinung nach zu wenig berücksichtigt. Eine stark eiweißbetonte Ernährung, d.h. mit hohem Fleisch- und Getreideanteil sowie säurebildenden Salzen in Form von Phosphor (reichlich enthalten in tierischem Eiweiß, Getreide, Knochen, Hälsen, etc.) führt permanent zu einem Zuviel an »Säurebildnern« und bringt das Säure-Basen-Gleichgewicht durcheinander. Näheres dazu lesen Sie im Abschnitt »Säure-Basen-Haushalt« auf S. 41/42.

Einige Ernährungswissenschaftler sind der Ansicht, dass eine ständige Übersäuerung des Organismus verantwortlich für die Entstehung vieler Krankheiten ist. Sie sind der Meinung, dass gewisse Erkrankungen wie beispielsweise Magen-Darmerkrankungen, Nierenerkrankungen und Blasensteine als Folgeerkrankungen ständiger Übersäuerung anzusehen sind. Auch Zusammenhänge mit Herz-Kreislauferkrankungen, Diabetes und sogar der Entstehung von Krebs werden vermutet.

Dr. Dr. h.c. H.-J. Koch, Leiter der Tierärztlichen Klinik in Birkenfeld, sieht in der zu stark fleischbetonten Fütterung einen deutlichen Zusammenhang zu bestimmten Formen von Hauterkrankungen durch pH-Verschiebungen auf der Haut. Unabhängig von der Hypothese einiger Ernährungswissenschaftler und den Erfahrungswerten einer sehr renommierten Klinik ist medizinisch nachweislich gesichert, dass eine stark erhöhte Phosphorzufuhr zur Demineralisierung im Knochen mit vermehrter Freisetzung von Kalzium führt, sodass daraus zwangsläufig Probleme im Knochenstoffwechsel resultieren.

Nicht unerwähnt sollte auch an dieser Stelle noch der häufige Zusatz zur ohnehin schon mit Proteinen und Phosphor (Phosphat) bis unter die Fellspitzen überladenen Fütterung mit den kommerziellen Algenprodukten wie Spirulina, Chlorella etc. bleiben, die wegen ihres Proteingehalts zwischen 60 und 70 % keinerlei sinnvolle Nahrungsergänzung darstellen.

Sieben Argumente gegen das »Barfen«

Eine Reihe von Gründen spricht also dafür, dass eine Fütterung mit extrem hohem Anteil an rohem Fleisch sowie Getreide und rohem Gemüse, so wie sie im Rahmen des »Barfens« häufig praktiziert wird, für die Hunde durchaus schädlich sein kann. Hier sind diese Gründe noch einmal zusammengefasst:

1) Fleisch enthält hohe Mengen an tierischem Eiweiß (Protein). Wenn Fleisch Hauptbestandteil der Ernährung ist, werden dem Körper folglich täglich hohe Mengen an Proteinen zugeführt. Selbst bei den Dachorganisationen der Bodybuilder sind Tagesdosen von 4 g tierisches Eiweiß pro kg Körpergewicht, wie beim Barfen üblich, obsolet.

INFO

Experimentelle Befunde zeigen, dass Bodybuilder täglich mehr als die doppelte Menge an Harnstoff ausscheiden als eine Vergleichsgruppe. Die tägliche Urinmenge beträgt jedoch nur das 1,25-fache. Daraus resultiert eine deutlich stärkere Belastung der Nieren. Ein Zusammenhang von Nierenbelastung und Nierenschädigung ist naheliegend. Aufgrund dieser experimentellen Befunde reduzierten die meisten Ernährungsexperten ihre Empfehlungen auf Werte unter 2 g pro kg Körpergewicht für Bodybuilder. Man weiß und weist darauf hin, dass ein Übermaß an Eiweiß schädlich für die Nieren ist und bei längerer Anwendung einen schweren Nierenschaden bis zum Nierenversagen nach sich ziehen kann. (Quelle: Stellungnahme der Deutschen Gesellschaft für Ernährung, des Arbeitskreises »Sport und Ernährung«.)

2) Ein weiterer Bestandteil von Fleisch ist Phosphor. Viel Fleisch bedeutet demgemäß gleichzeitig auch viel Phosphor. Es kommt also zu einer Anreicherung von Phosphor im Blut, was wiederum zu einer relativen Verminderung von Kalzium im Gleichgewicht zu Phosphor führt, welches über spezifische Regulationsmechanismen aus den körpereigenen Depots herausgelöst wird. Der Knochen verliert demzufolge an Stabilität und wird brüchig.

3) Ein Anstieg von Phosphor im Blutserum bedingt wiederum eine vermehrte Ausscheidung von Phosphor im Urin, was den Urin ansäuert, damit wiederum zu einer gesteigerten Kalziumausscheidung führt und zudem die Entstehung bestimmter Steinarten begünstigt. Hier habe ich zahlreiche Fallbeispiele mit Vertretern unterschiedlicher Rassen in meiner Ernährungsberatung – von Uratkristallen zu Uratsteinen, Oxalatsteinen und Cystinsteinen. Auch das gesamte Säure-Basen-Gleichgewicht wird in Unordnung gebracht

4) Im Rahmen des »Barfens« wird häufig auch Vollkorngetreide gemahlen und verfüttert. In den Schalen der Getreidekörner findet sich Phytin. Dies ist als sekundärer Pflanzenstoff auch ein Chelatbildner (Chelatbildner bilden schwerlösliche Verbindungen, Komplexe mit Nahrungsstoffen). Somit bildet Phytin schwerlösliche bis unlösliche Komplexe mit anderen Nahrungsstoffen, die dadurch nur noch in deutlich schlechterem Umfang bzw. nicht über den Darm in den Organismus resorbiert werden können. Zu diesen gehören so wichtige Substanzen wie Zink, Eisen, Magnesium, Kalzium, Kupfer und Mangan. »Barfen« erschwert dem Organismus also die Aufnahme dieser Substanzen.

5) Die Carotinoide als sekundäre Pflanzenstoffe unterteilt man in eine sauerstofffreie und eine sauerstoffhaltige Untergruppe. Zu den sauerstofffreien Carotinen, die überwiegend in gelbem, orangefarbenem und rotem Gemüse und Obst vorkommen, gehören Alpha- und Betacarotin und Lycopin, die hitzestabil und nur nach schonendem Erwärmen (Blanchieren oder Dampfgaren) verwertbar und damit wirksam sind. Bei der Verfütterung von rohem, nicht erwärmtem Gemüse bleiben sie also unwirksam. Zusätzlich wird durch schonendes Erhitzen der Nitratgehalt im Gemüse vermindert, da dies nicht hitzestabil ist. Gemüse dient ohne schonendes Erhitzen nur als Ballaststoff, kann also auch durch nährstofflose Zellulose ersetzt werden. Die sauerstoffhaltigen Carotinoide sind hauptsächlich in grünem Gemüse vertreten, man nennt sie Xanthophylle. Diese dürfen nicht erhitzt werden, da sie sonst Nährwertverluste erleiden.

6) Den Abschluss bilden die Nachwirkungen in dem Organ, in dem auch die Verdauung ihren Abschluss findet – dem Darm. Durch einen hohen Anteil an Eiweiß in der Fütterung werden die sogenannten saccharolytischen Keime des Darmes negativ beeinflusst, die sich vorwiegend von pflanzlichen Ballaststoffen einer Mischkost im Chymus ernähren. So können sich Fäulniskeime wie E.Coli ungehindert vermehren, was zwangsläufig zu Fehlgärungen und Durchfällen führt.

7) Schließlich sehen namhafte Tierkliniken wie z. B. Birkenfeld in persona Dr. Dr. Koch unabhängig von den bisher genannten Punkten in einer proteinbetonten Fütterung auch Zusammenhänge zu erhöhten Hautanfälligkeiten in Form von Infektionen durch pH-Verschiebungen auch auf der Haut.

Um noch einmal kurz auf den viel zitierten Wolf zurückzukommen, sollte auch nicht vergessen werden, dass in seinem Fall eine natürliche Auslese für die Arterhaltung sorgt, zu der auch der Kampf gehört. Zudem hat der Wolf, der sich zwar überwiegend vom Fleisch ernährt, sehr häufig tagelang keinen Jagderfolg und muss daher auch über Tage hungern bzw. sich dann auch von Beeren, Wurzeln etc. ernähren.

Beim domestizierten Haushund erfolgt seit Jahren die Zucht und Aufzucht von etlichen Rassen unter dem Gesichtspunkt von Farbzuchten und anderen äußerlichen Merkmalen. So hätten beispielsweise Caniden mit auffälligen Farben in freier Natur nie eine Überlebenschance, da sie leichtes Opfer für Feinde wären und von Beutetieren zu früh wahrgenommen würden, sodass sie kaum Jagderfolg hätten. Erwähnenswert erscheint mir auch, dass es keinerlei Untersuchungen dazu gibt, welches Alter Wölfe in freier Wildbahn erreichen und was deren häufigste Todesursache ist. Bei Hunden hingegen ist aufgrund einschlägiger, nicht von Futtermittelfirmen gesponserter veterinärmedizinischer Fachliteratur bekannt, dass eine der häufigsten Todesursachen bei Hundesenioren (ab sieben Jahren) die chronische Niereninsuffizienz ist, die

im Nierenversagen endet.[3] Dies sind Fakten, die für alle Rassen gelten.

Spätestens an dieser Stelle drängt sich die Frage nach der Ursache dieser so häufigen Todesursache zwangsläufig auf. Hier ist sicherlich jedem klar, dass sich dafür nicht die Umwelt verantwortlich machen lässt. Auch kann es sich bei diesem Eintrittsalter um kein züchterisches Problem handeln. Meines Erachtens ist dies überwiegend der Preis für eine Fütterung mit einem permanenten Zuviel an Eiweiß und Phosphor.

Unabhängig davon, für welche Art von Fütterung man sich letztendlich entscheidet, gilt es insbesondere angesichts dieser häufigen Todesursache die dauerhafte Gesundheit der Nieren bei Hunden aller Rassen nicht außer Acht zu lassen. Bei Dalmatinern und Englischen Bulldoggen sind außerdem die uronephrologischen Erbbesonderheiten in der Fütterung zu berücksichtigen, damit wir alle viele Jahre mit Freude mit unseren geliebten Vierbeinern verbringen können.

Und das Fertigfutter?

Grundsätzlich soll mein Buch nicht dazu dienen, ein generelles Plädoyer gegen Fertigfutter zu halten. Mit dieser Art von Fütterung wird dem Hundebesitzer vieles erleichtert, weil die zeitlich aufwändigere Zubereitung entfällt. Bei etlichen Fertigfuttersorten ist aber zu bedenken, dass häufig Farbstoffe, Stabilisatoren, Dickungsmittel, Lockstoffe, Geschmacksverstärker und Konservierungsstoffe zur Herstellung verwendet werden. Fleischmehle und tierische Nebenerzeugnisse bilden in der Regel die Proteinquellen. Bei tierischen Nebenerzeugnissen wird zwar mitunter geworben, dass auch sie Lebensmittelqualität hätten. Für den kritischen Verbraucher bleiben jedoch viele Fragen offen. Sind Schlachtabfälle, Blutmehle oder Kadavermehle etc. verwendet worden oder sind beispielsweise sämtliche Innereien mitverarbeitet worden, die u. a. den Puringehalt, (Harnsäuregehalt – wichtig für Rassen wie den Dalmatiner oder die Englischen Bulldoggen, s. S. 134 f.) der nie deklariert wird, beträchtlich erhöhen? Ist genmanipuliertes Getreide zum Einsatz gekommen oder bestrahltes Gemüse? Sind im Fertigfutter Öle enthalten, muss das Fertigfutter mit Antioxydantien stabilisiert werden, da Öle ge-

[3] vgl. Niemand, Prof. Hans G. und Suter, Prof. Peter F.: Praktikum der Hundeklinik. Parey Verlag, Stuttgart, 9. Auflage 2004.

nerell leicht oxydieren? Des Weiteren ist beispielsweise Vitamin K3 in der Lebensmittelindustrie aufgrund seiner bekanntermaßen zahlreichen Schadwirkungen auf die Leberzellen, auf die roten Blutkörperchen, auf den Gluthathionspiegel u.v.m. verboten. In der Tiernahrung ist es erlaubt – ohne Deklarationspflicht und ohne Mengenbeschreibung. Auch die Verunreinigung im Frühjahr 2007 in den USA von Weizengluten mit der stickstoffhaltigen Verbindung Melamin in Tierfuttermitteln, die zum Tode von Hunderten von Katzen und Hunden geführt hat, ist nicht gerade ein vertrauensfördernder Aspekt hinsichtlich der Fütterung von Fertigfutter, wobei ich auch hier der Fairness halber anmerken möchte, dass wir auch im Lebensmittelbereich u. a. den Gammelfleischskandal im Jahre 2006 und August 2007 noch in größerem Umfang hatten. Trotzdem liegt es im Ermessen jedes einzelnen Hundebesitzers, wofür er sich schließlich selbst entscheidet und welchen zeitlichen Aufwand er im Interesse seines Hundes auf sich zu nehmen bereit ist.

Das Fazit – die goldene Mitte

Wir sind nach langjähriger, positiver Erfahrungen und nicht zuletzt auch mit unserem medizinischen Hintergrund der Meinung, dass die Hauptmahlzeiten beim ausgewachsenen Hund immer aus frischen und natürlichen Zutaten bestehen sollten. Frische Nahrungsmittel sind nun mal immer am Gesündesten, das gilt für Menschen genauso wie für Hunde. Die Mühe und auch der Mehraufwand lohnen sich, denn auch hier gilt: Ein Hund ist, was er frisst!

Bei heranwachsenden Hunden und insbesondere bei Welpen decken wir den täglichen Nahrungsbedarf zur einen Hälfte mit einem (qualitätsvollen) Trockenfutter unseres Vertrauens ohne Vitamin K3 Zusatz und ohne tierische Nebenerzeugnisse mit klar definierten Proteinquellen und zur anderen Hälfte mit frisch zubereitetem Futter. Gerade in der Wachstumsphase ist das richtige Kalzium-Phosphorverhältnis eminent wichtig und mit frischem Futter ausschließlich gefüttert nahezu unmöglich zu gewährleisten.

Besonders wichtig ist uns der Hinweis darauf, dass jeder Hundebesitzer im Interesse der Nierengesundheit seines Hundes auf die täglichen Proteinmengen und Phosphormengen im Futter achten sollte, denn Nierenerkrankungen in Form von chronischer Niereninsuffizienz ist, wie bereits erwähnt, nach einschlägiger veterinärmedizinischer Fachliteratur mit die häufigste Todesursache bei Hunden aller Rassen.

Ganz besonders gilt dies für Dalmatiner und Englische Bulldoggen mit ihrer bekannten Harnsäureproblematik – bei ihnen müssen »Die drei P« (Protein, Phosphor, Purin s. S. 135/136) in richtiger Menge stets genau im Auge behalten werden (Übersicht in Tabellen am Ende des Buches).

Die Gesundheit oder präziser formuliert die genetische Disposition zu mehr Gesundheit oder auch zu gewissen Erkrankungen bekommen wir von unseren Eltern sowie Großeltern zu einem gewissen Anteil ohne eigenes Zutun in die Wiege gelegt. Den anderen Anteil bestimmen wir durch unsere Lebensgewohnheiten selbst, das heißt auch zu einem häufig unterschätzten Anteil durch unsere Ernährung. Daher sollten wir vermehrt auf eine gesunde Ernährung achten, ob für uns oder ebenso für unsere geliebten vierbeinigen »Lebensabschnittsgefährten«.

Bevor ich mich nun den nüchternen, jedoch eigentlichen und wesentlichen Inhalten dieses Buches widme, schließe ich auch hier mit einem Zitat meines Lieblingsphilosophen:

Der kluge Mensch ist nicht nur dem gegenüber aufmerksam, was geschieht, er achtet auch auf das, was geschehen kann, oder wie der Komiker Coluche sagen würde: »Liebe ist kein Freischein für Intelligenzverzicht.«

Allgemeine Richtlinien einer gesunden Ernährung

Ebenso wie der Mensch und jedes andere Lebewesen benötigt auch der Hund eine ausgewogene auf seine Bedürfnisse individuell abgestimmte Ernährung, damit er gesund und lange vital bleiben kann. Wesentliche Ernährungsfehler wirken sich nicht nur negativ auf die Gesundheit und Leistungsfähigkeit aus, sondern reduzieren auch die Lebenserwartung. Leider werden Ernährungsfehler hinsichtlich ihrer gesundheitsschädigenden Wirkung oftmals von Unkundigen nicht als solche akzeptiert, da sich die organschädigende Wirkung in den meisten Fällen erst nach einiger Zeit bemerkbar macht.

Bekanntermaßen braucht ein Hund in verschiedenen Lebensabschnitten eine dem Alter angepasste Ernährung. Ein Hund im Leistungssport, ebenso eine trächtige bzw. säugende Hündin hat selbstverständlich andere Ansprüche als ein Haushund. Unter Hunden gibt es auch gute und schlechte Futterverwerter, sehr temperamentvolle wie auch sehr ruhige Zeitgenossen, die alle einen individuellen Nahrungsbedarf haben. Somit besteht eine gesunde Ernährung aus einer Kombination zahlreicher Rohstoffe, die in richtiger Menge und im richtigen Verhältnis zueinander angeboten werden müssen.

Zur Bildung und Aufrechterhaltung der Funktionen von Zellen, Geweben und Organen wird Energie verbraucht. Bindegewebe, Drüsen, Muskel und Nerven sind auf eine ausreichende Zufuhr von Energie angewiesen, auch die konstante Körpertemperatur hängt von der Energie ab. Mit der richtigen Energiezufuhr nimmt der Hund weder ab noch zu. Gewichtsabnahmen können durch eine ungenügende Futtermenge bzw. Futterverdaulichkeit (z. B. Gemüse ist für den Hund geringer verdaulich, Fleisch ist hoch verdaulich), andererseits aber auch durch Krankheiten, Parasitenbefall etc. bedingt sein, wohingegen Übergewicht fast immer auf eine erhöhte Futterzuteilung hinweist.

Der ausgewachsene Hund sollte pro Tag zwei bis drei Mahlzeiten bekommen, bestehend aus einer bis zwei kleineren Nebenmahlzeiten und einer etwas größeren Hauptmahlzeit. Diese Art von Fütterung verhindert, dass sich der Hundemagen mit seiner Dehnungsfähigkeit durch unsachgemäße Fütterung (z. B. eine große Hauptmahlzeit) dauerhaft erweitert. Magenerweiterung ist ein begünstigender Faktor für Magenblähungen, die im schlimmsten Fall zu der gefährlichen Magendrehung führen können. An feste Fütterungszeiten sollte der Hund ebenso gewöhnt werden, wie zur Ruhe nach der Fütterung erzogen werden.

Ruhe nach der Fütterung ist insbesondere nach der Hauptmahlzeit erforderlich, die aus diesem Grund auch abends gegeben wird. Frisst der Hund innerhalb einer angemessenen Zeitspanne sein Futter nicht, sollte es entfernt werden. Futter sollte niemals ständig zur freien Verfügung für den Hund bereitstehen, weil man ihn somit leicht zum schlechten Fresser erzieht, er also immer zwischendurch nach Lust und Laune etwas Futter zu sich nimmt, ohne dass man selbst über die gerade gefressene Menge den Überblick behält.

Aus unserer Erfahrung gehören die teilweise propagierten Fastentage einmal pro Woche nicht nur zu den längst überholten Fütterungsregeln, sondern erhöhen das Risiko für bestimmte Erkrankungen (Magendre-

hung) und sind bei Lebererkrankung, Nierenerkrankung etc. sogar in jedem Fall gefährlich. Generell sollte auch für gesunde Hunde niemals ein Fastentag eingelegt werden. Die Verdauungsfermente des Hundemagens sind durch die regelmäßigen täglichen Fütterungen so trainiert, dass es sogar wichtig ist, die Fütterungszeiten ziemlich genau einzuhalten, damit es nicht zu Übersäuerungen kommt. In meiner Ernährungsberatung habe ich zahlreiche Hunde, die gebarft werden und mit den Fastentagen erhebliche Verdauungsprobleme entwickeln. Auch die Vorstellung, dass Hunde nur vollkommen kochsalzfreie Nahrung vertragen, hat sich nach unserer dreißigjährigen Erfahrung nicht bestätigt und ist daher in dieser Ausschließlichkeit und Verallgemeinerung nicht haltbar. Wichtig ist nur, dass man es nicht übertreibt, man kann durchaus zwischendrin mal eine Prise Kochsalz oder Jodsalz zum Futter dazugeben.

Wasser

Wasser sollte ebenso wie das Futter nicht zu kalt angeboten werden. Zur gesunden Hundeernährung gehört ständig frisches Wasser von einwandfreier Qualität und so viel der Hund mag. Ein Hund nimmt täglich zwischen 40 und 70 ml Wasser pro kg seines Körpergewichtes auf, wobei je nach Fütterung ein Teil bereits über die im Futter enthaltene Flüssigkeit abgedeckt wird. Der Wasserbedarf ist selbstverständlich im Sommer deutlich höher, ebenso bei der Fütterung von Trockenfutter, denn dem Trockenfutter wird der größte Teil der natürlichen Feuchtigkeit entzogen. Zu beachten ist auch, dass im Sommer z. B. stehendes Wasser aus Pfützen oder aufgefangenes Wasser in Behältnissen unter Pflanzkübeln ein hohes Risiko für bakterielle Magen- und Darmerkrankungen darstellen.

Grundkomponenten der Ernährung

Eine gesunde, ausgewogene Ernährung besteht aus Makronährstoffen und Mikronährstoffen.

Zu den Makronährstoffen gehören Eiweiße, Kohlenhydrate und Fette. Sie liefern Energie. Die Mikronährstoffe, die aus Mineralstoffen, Spurenelementen und Vitaminen bestehen, liefern keine Energie.

Der Bedarf an Vitaminen und einigen Mineralstoffen ist umso größer, je mehr Energie in Form von Eiweiß, Fett und Kohlenhydraten aufgenommen wird. Werden bestimmte Vitamine und Mineralstoffe in zu geringer Menge zugeführt, kann die aufgenommene Energie im Stoffwechsel nicht optimal verwertet werden. Folglich muss man im Rahmen einer gesunden Ernährung immer für eine ausgewogene Zufuhr von Proteinen, Fetten und Kohlenhydraten und Vitaminen und Mineralstoffen sorgen. Eine ausgewogene Futtermischung besteht immer aus den Grundkomponenten Eiweiß, Kohlenhydrate und Fett.

Bei der Ernährung eines ausgewachsenen, gesunden Hundes mit normaler Beanspruchung soll das Futter zu einem Teil aus eiweißreichen Futtermitteln und zu zwei Teilen aus kohlenhydratreichen Futtermitteln bestehen.

Bei einer ausgewogenen Ernährung darf man die Tatsache »Gesund ist, was dem Hund schmeckt« nicht als das Maß aller Dinge sprichwörtlich nehmen, denn das schmackhafteste Futter ist nicht generell das gesündeste Futter. Auch Welpen sollten schon an die Aufnahme von geeignetem Gemüse, Obst und an Getreideprodukte gewöhnt werden, damit sie später ohne Probleme dieses ihnen angebotene Futter zu sich nehmen, denn auch bei der Ernährung gilt das Sprichwort: »Was Hänschen nicht lernt, lernt Hans nimmer mehr.« Ein weiterer nicht zu unterschätzender Vorteil dieser vielseitigen Art der Fütterung liegt auch in dem Umstand, dass beispielsweise im Falle einer Erkrankung ein auf die Erkrankung abgestimmtes Diätfutter leichter akzeptiert wird und man nicht gemeinsam mit dem Hund vor der Futterschüssel verzweifelt.

Säure-Basen-Haushalt

In menschlichen wie auch im tierischen Organismus laufen viele verschiedene Reaktionen ab. Um diese Reaktionen zu ermöglichen, muss ein bestimmtes Milieu vorhanden sein. Dieses Milieu wird auch vom pH-Wert bestimmt. Somit dient der pH-Wert als Messgröße für den Säure-Basen-Haushalt. Der pH-Wert kann in verschiedenen Körperflüssigkeiten wie im Blut, Lymphe, Speichel oder Urin gemessen werden. Im nüchternen Magen liegt der pH-Wert zwischen 1 und 2 (sehr sauer), damit die Nahrung und insbesondere Eiweiß aufgespalten werden kann. Im Dünndarm liegt der pH-Wert zwischen 5 und 6, so dass die Enzyme zur Verdauung von Kohlenhydraten aktiv werden können. Im Urin liegt der pH-Wert nach Literaturangaben in einem Referenzbereich von 5,5 - 7,0. pH-Werte unter 7 gelten eher als sauer, pH-Werte über 7,4 gelten eher basisch. In den meisten Körperzellen liegt der pH-Wert bei etwa 7 und im Blut bei 7,4. Bereits kleinste Verschiebungen können den Stoffwechsel stark beeinträchtigen und somit den Organismus belasten. Zur Aufrechterhaltung des Säure-Basen-Gleichgewichtes bedient sich der Organismus verschiedener Mechanismen zur Regulation. Überschüssige Säuren werden beispielsweise im Blut über Hydrogencarbonat abgepuffert, mit Kohlendioxid über die Lungen abgeatmet oder mit Harnstoff über die Niere ausgeschieden.

Zu viel Säure macht krank

Zur Übersäuerung kommt es durch Stress, Bewegungsmangel und vor allem durch ein beständiges Überangebot an Säurebildnern in der Nahrung (s. a. S. 137/165, »Der Zusammenhang von Harn-pH und Ernährung«). Die möglichen gesundheitlichen Konsequenzen sind in der Einleitung unter »Ansichten zum Thema Barfen und Trockenfutter« beschrieben. Ob ein Nahrungsmittel basisch oder sauer wirkt, hängt von seiner Fähigkeit ab, Wasserstoffatome zu binden oder abzugeben und damit auch vom Gehalt an basischen Salzen.

Zu den basischen Salzen gehören: Kalzium, Magnesium, Natrium, Kalium und Eisen.

Zu den Säure bildenden Salzen gehören: Schwefel, Phosphor und Chlor. Der Geschmack eines Nahrungsmittels gibt in der Regel keinerlei Auskunft, ob ein Nahrungsmittel sauer oder basisch wirkt. Beispielsweise schmecken Zitronen sauer, wirken jedoch basisch.

Säure bildende Nahrungsmittel: Fleisch, Wild, Geflügel, Fisch, Meeresfrüchte, Eier, Butter, Käse, Quark, Getreideprodukte, polierter Reis, Nudeln, Hülsenfrüchte, Tomaten, gehärtete Pflanzenfette, raffinierte Öle, Walnüsse, Haselnüsse.

Basen bildende Nahrungsmittel: Gemüse (außer Rosenkohl, Wirsing), Kartoffeln, Sprossen, Blattsalate, frische Kräuter (außer Kresse), Milch, frische Molke, Sahne, reifes Obst, Dörrobst, Honig, Birnendicksaft, Teekräuter.

Das Säure-Basen-Gleichgewicht sollte in seiner Balance erhalten werden, indem sich wie oben beschrieben bei einem ausgewachsenen, gesunden Hund die Grundkomponenten in der Ernährung aus einem Teil eiweißreichen Futtermitteln und zwei Teilen kohlenhydratreichen Futtermitteln (hier die basischen Komponenten bevorzugen) zusammensetzen.

Eiweiß

Eiweiß, auch Protein genannt, setzt sich aus Aminosäuren zusammen. Das Vorhandensein der 20 essenziellen (lebenswichtigen) Aminosäuren im Eiweiß bestimmt dessen Qualität. Essenzielle Aminosäuren müssen mit der Nahrung zugeführt werden, da der Organismus sie nicht selbst bilden kann. Nicht zum Körperaufbau verwendete Aminosäuren müssen durch einen speziellen Stoffwechselmechanismus um- und abgebaut werden. Dabei wird die Aminogruppe größtenteils in Harnstoff und auch in Harnsäure überführt, was über die Nieren ausgeschieden wird. Die Qualität des Eiweißes, auch »biologische Wertigkeit« genannt, hängt von der Menge der lebensnotwendigen Aminosäuren ab, die in diesem Eiweiß enthalten sind und von deren Verhältnis zueinander. Die Qualität des Eiweißes gleich biologische Wertigkeit gibt an, wie viel Gramm Körpereiweiß durch 100 g eines Nahrungseiweißes neu aufgebaut oder ersetzt werden können. Tierisches Eiweiß hat eine höhere Wertigkeit als pflanzliches Eiweiß. Beim gesunden Menschen liegt bei einer ausgewogenen Ernährung der tägliche Eiweißbedarf bei 0,8 bis 1 g pro Kilogramm Körpergewicht. Diese Angabe von Ernährungswissenschaftlern erscheint mir wichtig und daher an dieser Stelle erwähnenswert.

Der tägliche Mindestbedarf an Eiweiß für den Erhaltungsstoffwechsel eines ausgewachsenen, gesunden Hundes mit normaler Belastung liegt bei 2,0 Gramm pro Kilogramm Körpergewicht.

Sowohl Eiweißmangel als auch Eiweißüberschuss führen über einen längeren Zeitraum zu entsprechenden gesundheitlichen Problemen.

Eiweißmangel beeinträchtigt das Immunsystem, zusätzlich erhöht er die Anfälligkeit für Hauterkrankungen und bringt schlechte Haarqualität, führt zu Gewebeabbau und Knochenschwund mit Deformierungen.

Eiweißüberschuss geht zu Lasten von Leber und Nieren, wobei sich die Niere, wenn erst mal eine entsprechende Schädigung vorhanden ist, nicht wie die Leber regenerieren kann. Die Schädigung der Nieren verläuft über einen langen Zeitraum äußerlich nahezu ohne Symptome und bleibt daher meist unbemerkt. Bis sich die Schädigung im Labor deutlich zeigt, sind bereits bis zu 70 % der Nierenfunktion irreparabel geschädigt. Bei älteren Hunden, d. h. ab sieben Jahren und insbesondere bei bereits vorliegender Schädigung von Leber und Nieren, ist ein Zuviel an Eiweiß in jedem Fall zu vermeiden, da die Eiweißabbauprodukte nachweislich Leber und Nieren sehr belasten. Auch die Häufigkeit von Nierenerkrankungen in Form von chronischer Niereninsuffizienz nimmt ab dem siebten Lebensjahr deutlich zu.

In der Hundefütterung werden Rind-, Geflügel-, Schaffleisch und Fisch als Hauptlieferanten ebenso Milchprodukte für Eiweiß verwendet. Aufgrund des unterschiedlichen Inhaltes der essenziellen Aminosäuren innerhalb der einzelnen Fleischsorten ist es empfehlenswert, diese zu variieren.

Fleischsorten

Schweinefleisch ist roh strikt verboten, denn in ihm können sich die für den Hund immer tödlichen Erreger der Aujeszkyschen Krankheit befinden. Gut gekochtes Schweinefleisch oder völlig durchgebratenes ist ungefährlich. Zu beachten ist, dass es ein in der Regel fettes Fleisch ist und man es daher beispielsweise weder zur Gewichtsreduktion noch im Rahmen einer Diät bei Lebererkrankungen verwenden wird.

Geflügelfleisch ist leicht verdaulich und daher sehr bekömmlich. Putenfleisch und Hühnerfleisch eignen sich daher gut für beispielsweise Magen- und Darmdiäten. Ente und Gans sind deutlich fetter. Wegen der Salmonellengefahr sollte Geflügelfleisch nie roh gefüttert werden. Die beim Kochen entstandene Brühe lässt sich bestens zum Einweichen mit Flocken verwenden. Die Brühe liefert einige Mineralstoffe, verbessert durch Fette den Geschmack des Futters und erhöht somit die Akzeptanz der Kohlenhydratanteile.

Bei der Fütterung von **Rindfleisch** wird bevorzugt Kopf- und Muskelfleisch gefüttert. Der von allen Hunden heißgeliebte Pansen oder Blättermagen, beides ungeputzt, sollte ebenso roh wie Rindfleisch verwendet werden, da gerade im rohen Fleisch nützliche Bakterien und wichtige Enzyme enthalten sind.

Innereien und Herz sollten nicht täglich auf dem Futterplan stehen. Für Englische Bulldoggen und den Dalmatiner sind sie generell ungeeignet wegen des sehr hohen Puringehaltes, der bei beiden Rassen stets zu beachten ist.

Schaffleisch, insbesondere Lammfleisch, bietet eine gute Abwechslung im Speiseplan. Es kann roh und gekocht gefüttert werden. Hammelfleisch ist mitunter sehr fett und daher nicht für jeden Hund gleich verträglich.

Wildfleisch in Form von Rehfleisch, Hirschfleisch, Hasenfleisch als auch Kaninchenfleisch sind gut bekömmliche, eher magere Fleischsorten. Insbesondere Rehfleisch und Hasenfleisch haben einen sehr moderaten Puringehalt. Daher bieten diese beiden Sorten auch bei der Ernährung von Dalmatinern und Englischen Bulldoggen gerne mal eine willkommene Abwechslung. Wildfleisch sollte gekocht oder gedünstet werden.

Pferdefleisch ist ein sehr mageres Fleisch, es sollte auch angebraten oder gedünstet werden. Es ist von allen aufgeführten Fleischsorten das Fleisch mit dem höchsten Puringehalt. Pferdefleisch ist die bevorzugte Proteinquelle für Eliminationsdiäten bei Nahrungsmittelallergien. Aus diesem Grund sollte man sich diese Fleischsorte immer als Alternative für den Krankheitsfall aufheben. Pferdefleisch sollte daher weder für gewöhnlich noch gelegentlich verfüttert werden.

Fisch sollte gedünstet werden und die Gräten müssen gut entfernt werden, zur Sicherheit in den Mixer geben. Sardinen und Thunfisch, ebenso andere Fischsorten, können auch mal zur Abwechslung verfüttert werden. Für den Dalmatiner wie auch Englische Bulldoggen sind Thunfisch und Sardinen aufgrund des sehr hohen Puringehaltes ungeeignet!

Nahezu gleichwertige Eiweißlieferanten zu den oben aufgeführten Fleischsorten mit keinem oder nur sehr niedrigen Puringehalt sind **Milchprodukte** wie Buttermilch, JoBu (= Joghurtbuttermilch), Joghurt, Körniger Frischkäse (Hüttenkäse), Quark und Mozzarella. Unverdünnte Milch verursacht beim erwachsenen Hund leicht Durchfall. Hier scheinen die fettarmen Milchsorten ebenso wie die kalziumreichere Ziegenmilch Ausnahmen zu sein, denn beides wird von unseren Hunden problemlos vertragen. Durch die leichte Verdaulichkeit sind die Milchprodukte auch als Schonkost geeignet. Es ist generell empfehlenswert, ein bis zwei Mal wöchentlich anstelle von Fleisch Milchprodukte wie Quark oder körnigen Frischkäse zu füttern. Sie enthalten überhaupt keine Purine oder nur geringste Mengen an Purin und sind sowohl hochwertige Eiweißquellen als auch wertvolle, natürliche Kalziumlieferanten.

Ein weiterer Eiweißlieferant mit geringem Puringehalt ist das **Hühnerei**. Bei der Rohfütterung wird nur das Eigelb verwendet, denn im Eiklar ist ein Protein enthalten, das die Verwertung von Biotin verhindert. Das ganze Ei kann im gekochten oder im gebratenen Zustand angeboten werden.

Auch **Sojaeiweiß** in Form von Soja-Quark (Tofu) enthält alle lebenswichtigen Aminosäuren. Im Gegensatz zu Fleisch- und Fischeiweiß sind im Sojaquark (Tofu) wenig Purine enthalten, somit wird auch nur wenig Harnsäurebildung veranlasst. Soja-Quark (Tofu) wirkt im Stoffwechsel in hohem Maß alkalisierend.

Zu beachten ist jedoch, dass in Sojaprodukten ein geringer Kalzium-Gehalt (0,1 - 0,3g/100) und ein hoher Phosphor-Gehalt (0,6 g/100) vorliegt. Daher eignet sich Sojaeiweiß nicht zur regelmäßigen Fütterung.

Eiweißquellen mit **keinem oder geringen Puringehalt** sind:
Milchprodukte, Ei und Sojaeiweiß.

Eiweißquellen mit **mittlerem Puringehalt** sind:
Fleisch vom Schwein, Geflügel, Rind, Schaf, Wild (Pferd hat den höchsten Puringehalt der Fleischsorten)

Eiweißquellen mit **hohem Puringehalt** sind:
Innereien u. Fisch (Ausnahmen Kabeljau, Zander)

Nähere Informationen über Harnsäuregehalte und Purine finden Sie in tabellarischer Übersicht am Ende des Buches.

Aufgrund der Harnsäureproblematik des Dalmatiners und der Englischen Bulldogge sollten bei diesen Rassen nur die beiden ersten Eiweißquellen zur Fütterung in Maßen verwendet werden. Auf die letztgenannten sollte generell verzichtet werden.

Kohlenhydrate

Kohlenhydrate sind reine Energielieferanten. Sie sind vor allem zu finden in Getreide und Getreideprodukten wie z. B. Brot, Reis, Nudeln, Haferflocken, Gerstenflocken, Maisflocken, Hirse und neuerdings Amarant. Amarant ist ein hirseähnliches, glutenfreies Getreide mit einen weit höherem Eiweiß- und Mineralstoffgehalt als die traditionell angebauten Getreidesorten. Auch der Gehalt an Kalzium, Magnesium, Eisen und Zink ist sehr hoch. Kohlenhydrate und Ballaststoffe sind in gleichen Mengen vorhanden wie in den bereits benannten Getreidesorten. Bei dem enthaltenen Fett handelt es sich zu circa 70 % um ungesättigte Fettsäuren. Allerdings enthält Amarant bestimmte Gerbstoffe, die die Aufnahme und Verdauung von Vitaminen, Proteinen sowie Spurenelementen hemmen. Daher ist Amarant beispielsweise für Kleinkinder und Säuglinge nicht empfehlenswert. Zudem hat Amarant einen sehr hohen Phosphorgehalt und auch das Kalzium/Phosphorverhältnis liegt weit entfernt vom geforderten Wert (s. Tabelle S. 204). Da bei einer gesunden Fütterung weder die Nieren generell zu stark belastet werden dürfen und auch gerade bei der Kohlenhydratquelle »Getreideprodukt« das Kalzium/Phosphorverhältnis gänzlich daneben ist, sollte Amarant im Rahmen einer gesunden und durchdachten Fütterung nicht auf dem Futterplan stehen. Wir füttern Amarant aus diesem Grund generell nicht und vermeiden auch jegliche Futtermittel, die als Getreide Amarant enthalten. Weitere Lieferanten von Kohlenhydraten sind Kartoffeln, Obst und Gemüse.

Die Kohlenhydrate werden unterteilt in Monosaccharide (Fruchtzucker, Traubenzucker), Disaccharide (Haushaltszucker) und Polysaccharide (pflanzliche und tierische Stärke). Die ersten beiden Verbindungsgruppen werden auch als Zucker bezeichnet. Sie sind vor allem Bestandteil einer großen Zahl von Früchten und einigen Gemüsen. Die wichtigsten sind die in Früchten vorkommende Saccharose, Glucose und Fructose. Polysaccharide kommen in vielen Lebensmitteln vor und haben große Bedeutung als Nährstoffe wie Stärke bei Getreide, Kartoffeln und Hülsenfrüchten sowie strukturbildende Stoffe wie z. B. Zellulose und Pektin bei Obst und Gemüse. Getreide, Obst und Gemüse enthalten neben Kohlenhydraten auch Ballaststoffe, Vitamine, Mineralstoffe und Spurenelemente.

Als **Ballaststoffe**, auch Rohfasern genannt, werden die nicht verwertbaren Kohlenhydrate bezeichnet. Die als Ballaststoffe bezeichneten unverdaulichen Kohlenhydrate bestehen zum allergrößten Teil aus Polysacchariden (Zellulose, Hemizellulosen, Pektin etc.). Ballaststoffe verzögern nicht nur die Spaltung und Aufnahme von Kohlenhydraten (daher werden sie in der Diabetes-Diät empfohlen) sondern sorgen für eine optimale Darmfüllung und eine rasche Darmpassage. Kohlenhydrate werden im Körper zu Glykogen umgewandelt und dann in der Leber und in den Muskelzellen gespeichert. Die Muskelzellen nutzen ihren Glykogenvorrat ausschließlich selbst, die Leber dient als Glykogenspeicher und stellt es anderen Zellen zur Verfügung. Dies ist vor allem im Schlaf als Energieversorgung für Gehirnzellen, Zellen des Nebennierenmarks und Erythrozyten wichtig.

Getreideprodukte wie Reis, Nudeln, u. Ä. (hier in jedem Fall auf den Phosphorgehalt achten!) sollten weich gekocht werden, da der kurze Verdauungskanal des Hundes eine nicht aufgeschlossene Nahrung nicht ausreichend nutzen kann. Haferflocken sollten gut eingeweicht sein. Rohe Haferflocken in größeren Mengen können zur Verstopfung und im schlimmsten Fall zum Darmverschluss führen. Innerhalb der Getreide-

flocken besitzen die Haferflocken den höchsten Fettgehalt und den höchsten Gehalt an ungesättigten Fettsäuren. Bei den Maisflocken, die einen niedrigen Phosphorgehalt haben, liegt der Fettanteil niedriger, jedoch erheblich höher als bei anderen Getreideflocken. Bei Brot erfolgt eine Aufwertung des Nährstoffgehaltes durch den Zusatz von Hefe oder Sauerteig mit etwas Salz. Hartes und einwandfrei abgelagertes Brot unterstützt die Zahnreinigung und führt nicht zu Fehlgärungen, wie sie bei frischem Brot auftreten können.

Kartoffeln als hochwertiger Basenbildner werden mit der Schale gekocht, später zerkleinert und können mit der Schale verfüttert werden. Ungeschälte Kartoffeln liefern dem Organismus mehr Ballaststoffe als geschälte, was für die Darmtätigkeit und damit für die Verdauung vorteilhaft ist. Zudem ist in Tierversuchen die antikanzerogene (krebshemmende) Wirkung der Kartoffelschalen nachweislich beschrieben. Das Kochwasser sollte aufgrund des Gehaltes an wasserlöslichem Solanin nicht verfüttert werden. Kartoffeln bestehen zu etwa 15 % aus unverdaulichen Kohlenhydraten und enthalten 2 % biologisch hochwertiges Eiweiß. Die biologische Wertigkeit des Volleis hat man mit 100 festgelegt. Kartoffeleiweiß hat mit einem Wert von 90 bis 100 die höchste biologische Wertigkeit aller pflanzlichen Nahrungsmittel. Zudem enthalten Kartoffeln Vitamin C, Niacin, Pantothensäure, Vitamin B1, Vitamin B2 und Vitamin B6. Beachtlich ist auch der Anteil an Magnesium, Kalium und Eisen in der Kartoffel.

Gemüse (Basenbildner) liefert wichtige Mineralstoffe, Vitamine und Spurenelemente. Zudem fördert Gemüse mit seinen Ballaststoffen die Verdauung und ist ebenso für ein gutes Säuren-Basen-Verhältnis des Futters sehr wichtig. Viele Hunde sind heute »übersäuert«, weil ihrem Futter das Gemüse fehlt. Gleiches gilt auch für Obst! Auch das bei Hunden häufig beobachtete Grasfressen ist nicht selten eine instinktiv vorbeugende Maßnahme gegen Übersäuerung oder auch um die bestehende Übersäuerung auszugleichen. Gemüse wird zur Schonung der Inhaltsstoffe leicht und nur kurz gekocht und kommt dann in den Mixer. Das

Wasser, das beim Blanchieren entstanden ist, enthält noch viele wichtigen Vitamine und sollte daher über das Futter gegeben werden.

Möhren sind ein bevorzugtes Gemüse, da sie neben Mineralstoffen und Spurenelementen auch viel Karotin (Vorstufe des Vitamin A) enthalten. Sie können sowohl roh sehr fein gerieben als auch leicht angekocht gefüttert werden. Damit das fettlösliche Vitamin A verwertet werden kann, muss immer etwas Öl dazugegeben werden. Beta-Carotin steigert die körpereigene Abwehr und ist auch in grünen Bohnen, Kürbis, Mais, Paprika enthalten. Zusätzlich zu diesen eignen sich auch Rote Bete, Porree, Sellerie, Zucchini sowie Spargel (selbstverständlich alles gekocht) sehr gut.

Rote Bete haben nicht nur eine blutbildende Wirkung, sondern sorgen auch für eine Anregung von Magen, Darm, Leber und Gallenblase. Rote Bete enthalten Anthocyane, die sogenannten »roten Radikalfänger«. Die antioxidative Wirkung der Anthocyane soll laut neuesten Studien die zellschützenden Vitamine E und C um ein Vielfaches übersteigen. Rote Bete sollten jedoch aufgrund des hohen Oxalsäuregehaltes nicht täglich gefüttert werden (es besteht sonst das Risiko zur Bildung von Kalziumoxalatsteinen).

Tomaten sind pektinreich und enthalten u. a. einen exzellenten »Radikalfänger« (reduziert das Krebsrisiko), der ihnen auch ihre rote Farbe verleiht, nämlich Lycopin. Reife Tomaten enthalten besonders viel davon. Noch mehr Effekt sollen Tomaten aus der Dose und Tomatenmark haben, da Lycopin aus den verarbeiteten Früchten leichter verwertbar sein soll. Ein Schuss Öl verbessert auch hier die Verwertbarkeit.

Tomaten gehören ebenso wie Kartoffeln und Paprika zu der Familie der Nachtschattengewächse, daher ist es ratsam, die solaninhaltige Ansatzstelle zu den Stängeln zu entfernen bzw. Kartoffel und Paprika nur gekocht zu verfüttern. **Chicoree** enthält Bitterstoffe, die appetitanregend sind und anregend auf den Gallenfluss wirken. Daher wird er gerne zur Unterstützung oder auch Prophylaxe bei Gallen- und Leberstörungen eingesetzt. **Feldsalat** findet aufgrund seines Vitamin C-Gehaltes Verwendung. **Fenchel** und **Paprika** enthalten das wichtige Zellschutzvitamin E. Zudem wirkt Vitamin E wie ein Verbündeter auf die Hautbarriere. Es stabilisiert die Lipidschichten in der Haut und stärkt so die hauteigene Schutzschicht. **Fenchel** ist zudem ein kalziumreiches Gemüse.

Spinat ist ebenso wie **Broccoli** wegen seines Puringehaltes für den Dalmatiner und Englische Bulldoggen nicht zur regelmäßigen Verwendung zu empfehlen. **Kohl** führt leicht zu Blähungen und ist begrenzt geeignet. **Zwiebeln und Knoblauch** enthalten u. a. schwefelhaltige Inhaltsstoffe wie beispielsweise Allylpropyldisulfid. Es ist wissenschaftlich belegt, dass die schwefelhaltigen Inhaltsstoffe bei Tieren eine Schwächung der Zellmembran der roten Blutkörperchen verursachen, die zu einer Anämie führen kann. **Knoblauch** wird nicht von allen Hunden gleich gut vertragen und sollte in kleineren Mengen sehr fein geschnitten oder zerdrückt ausprobiert werden. Knoblauch wirkt über den Hauptbestandteil Allicin antibakteriell und verdauungsfördernd. Sowohl der Blutdruck als die Durchblutung werden positiv beeinflusst.

Sauerkraut sollte man immer zuhause haben, falls ein Junghund etwas Ungiftiges, jedoch Unerwünschtes wie z. B. Plastik von einem Spielzeug oder ein Steinchen verschluckt hat. Sauerkraut als Mahlzeit gegeben (beim schlechten Fresser mit etwas Leberwurst dazu) »verpackt« den Fremdkörper meist ohne Probleme, so dass er über den normalen Verdauungsweg ausgeschieden werden kann.

Obst (Basenbildner) ist ebenso ein wichtiger Lieferant von Vitaminen, Mineralstoffen und Spurenelementen. Am gebräuchlichsten sind **Bananen und Äpfel**, denn sie werden gerne gefressen und man kann sie über das ganze Jahr einkaufen. Der Zuckerreichtum in Verbindung mit dem beträchtlichen Kaliumgehalt sowie dem guten Magnesium- und Vitamin A-Gehalt verleihen der Banane einen hohen Wert als Nähr- und Diätmittel bei Magen-Darmerkrankungen. Allerdings sollte man bei der Fütterung von Bananen auch den hohen Puringehalt beachten. Daher sind sie für Englische Bulldoggen und Dalmatiner nicht gerade empfehlenswert oder nur gelegentlich in kleinen Mengen.

Äpfel, vor allem ungespritzte, werden immer mit der Schale entweder fein gerieben oder in kleine Stücke geschnitten unter das Futter gegeben. Sie haben einen hohen Gehalt an Pektin, einem Stoff, der größere Mengen Wasser binden kann und enthalten Gerbsäuren, die eine zusammenziehende und entzündungshemmende Wirkung haben. Dadurch eignen sie sich auch sehr gut zur Diät bei Durchfällen.

Ananas und Papaya bewähren sich in der Fütterung aufgrund ihrer Enzyme und werden von all unseren Hunden sehr gerne gefressen. Neben der Stärkung des Immunsystems kann das Enzym in der Ananas Nahrungseiweiß aufspalten und die Eiweißverdauung einleiten, die sonst besonders der Magensaft übernimmt. Daher kann die Ananas auch z. B. bei einem Mangel an Magensäure gute Dienste leisten. Die Papaya hat einen hohen Vitamin-A- und Vitamin-C-Gehalt und enthält das Enzym Papain, das eine ähnliche Wirkung wie das Verdauungsferment Pepsin besitzt. Papain wirkt zusätzlich ähnlich wie Leinsamen verdauungsfördernd, entzündungshemmend und quellend und findet unter anderem Einsatz bei entzündlichen Darmerkrankungen.

Mangos sind nicht nur reif (grünlich-braun) besonders wohlschmeckend, sondern wegen ihres hohen Vitamin-A-Gehaltes bedeutend bei Haut-, Schleimhaut- und Augenerkrankungen, die auf Vitamin-A-Mangel beruhen. Es gibt sogar Hunde, die **Brombeeren**, **Erdbeeren** und **Himbeeren** sehr gerne fressen und selbst »ernten«. Unsere Dalmatiner bedienen sich in der Saison unabhängig von der Zufütterung auch selbst mit diesen wohlschmeckenden Beeren. **Himbeeren** enthalten ebenso wie **Brombeeren**, **Johannisbeeren**, **Heidelbeeren** und **Blutorangen** reichlich Anthocyane, die roten Radikalfänger.

Birnen können eine leicht blähende Wirkung haben. **Pflaumen** haben eine leicht abführende Wirkung. Bei allen Steinobstsorten sind die Steine zu entfernen. **Pfirsiche** sind besonders reich an Kalium und haben eine leicht entwässernde Wirkung, die man sich teils bei Nierenerkrankungen zu nutze macht. **Aprikosen** haben einen hohen Vitamin-A-Gehalt und werden daher bei Funktionsstörungen der Haut und Schleimhäute verwendet. **Kiwis**, die leckeren Vitamin-C-Spender, stehen ebenso auf dem Futterplan wie im Sommer die erfrischenden Melonen.

Trauben und Rosinen sollten wegen der Gefahr der Niereninsuffizienz beim Hund grundsätzlich nicht gegeben werden!

Bei getrocknetem Obst ist grundsätzlich immer zu beachten, dass es im Vergleich zu frischem Obst einen sehr hohen Puringehalt hat, insbesondere Bananen.

Kräutermischungen und ihre medizinische Wirkungsweise

Kräuter (Basenbildner) sind bei der natürlichen Ernährung stets eine Bereicherung, ob in frischer Form oder in getrockneter Form mit verstärkter Wirkung. Einerseits besitzen sie zu einem großen Teil eine heilende Wirkung bei Erkrankungen und Fehlfunktionen im Magen- und Darmbereich, andererseits enthalten sie auch Vitamine, Mineralien und Spurenelemente.

Es gibt Kräuter, die appetitanregend, entwässernd, leicht antibakteriell, regulierend auf Magen und Darm wirken. Entsprechend der Jahreszeit kommen frische Kräuter zum Einsatz, getrocknete Kräuter (z. B. aus der Apotheke) stehen ganzjährig zur Verfügung. Um den Hund an den Geschmack zu gewöhnen, beginnt man mit kleinen Mengen, später erhöht man die Menge nach Bedarf. Zum Füttern werden die Kräuter sehr fein zerkleinert oder noch besser im Mixer breiähnlich zubereitet.

Anis, **Fenchel** und **Kümmel** haben eine ausgeprägt karminative (entblähende) Wirkung. Sie müssen am besten in einem Mörser fein zerstoßen werden. **Basi-**

likum, ein sehr aromatisches Würzkraut, soll die Milchbildung unterstützen. **Bärlauch** nennt man auch wilden Knoblauch und er ist bezüglich der Wirkung und Anwendung dem Knoblauch weitgehend ähnlich. Bärlauch sollte ebenso wie Knoblauch nur in kleineren Mengen gefüttert werden. Er ist durchblutungsfördernd, leicht blutdrucksenkend und unterstützt die Gallenaktivität. **Bohnenkraut** wirkt bei leichten Durchfällen und wird bei akuten Magen-Darmbeschwerden angewandt. Vom frischen **Borretsch** verwendet man die Blätter, denn sie enthalten die wertvolle Gamma-Linolensäure, die ansonsten nur im Nachtkerzenöl zu finden ist und seit Jahren mit Erfolg bei Hautproblemen und Hauterkrankungen zur Unterstützung neben der gezielten Therapie eingesetzt wird. Die **Brennnessel** mit ihren zahlreichen Mineralstoffen und verschiedenen Vitaminen wirkt entwässernd und findet Anwendung zur Vorbeugung der Bildung von Harngrieß und Harnsteinen, sowie bei Entzündungen der harnableitenden Organe und bei rheumatischen Beschwerden. Ihr Gehalt an organisch gebundenem Eisen und Chlorophyll befähigt sie zur Anregung der Blutbildung. Frische Brennnesseln werden kurz überbrüht und können dann komplett verfüttert werden. Bei kleineren Hunden reicht pro Tag ein frischer Trieb, bei größeren 3 bis 5 Triebe. Im Winter verwendet man getrocknete, klein gehackte Blätter, ca. 1 Teelöffel für kleine und bis zu 3 Teelöffel für große Hunde. **Brunnenkresse** ist reich an Vitaminen (A, C, D, E) und enthält Eisen und Jod. Sie besitzt blutreinigende und sekretlösende Wirkung und fördert die Harnausscheidung. Verwendet werden nur frische Pflanzen, klein geschnitten. Pro Tag dürfen nur kleine Mengen verwendet werden, damit es nicht zur Nierenreizung kommt (ca. 10 - 15 Gramm). **Dill** regt ebenso wie **Schnittlauch** den Appetit an. Ferner wirkt Dill karminativ, milchvermehrend und wassertreibend.

Himbeerblätter eignen sich hervorragend für trächtige Hündinnen. Sie kräftigen und reinigen die Gebärmutter und erleichtern die Geburt. Vom Decktag an werden täglich zwei Mal zwei Esslöffel Tee aus den Blättern der wilden Himbeere gegeben.

Zubereitung des Himbeerblättertees:
Man nimmt 2 Esslöffel getrocknete und zerriebene Blätter, übergießt sie mit kochendem Wasser und lässt sie über Nacht ziehen. Die Blätter werden dann weggeworfen.

Kerbel wirkt blutreinigend und hemmt die Milchbildung. Auch die Gallenaktivität und die Harnausscheidung werden gefördert. **Lavendel** wird allgemein bei Unruhezuständen eingesetzt, z. B. bei nervösem Reizmagen und nervösen Darmbeschwerden. **Liebstöckel**, auch »Maggikraut« wegen des typischen Maggigeruchs genannt, findet Anwendung bei leichten Verdauungsbeschwerden und wirkt leicht wassertreibend. In der getrockneten Pflanze finden sich Gerbstoffe, die bei einer leichten Magenschleimhautentzündung gute Hilfe leisten. **Löwenzahn** enthält den Bitterstoff Taraxacin (0,05 %), Vitamin D und Cholin. Als Heilpflanze wird er mit Erfolg bei Lebererkrankungen und Gallenblasenleiden eingesetzt. Zudem regt er die Nierentätigkeit an und wirkt entwässernd. Von nicht blühenden Pflanzen werden die frischen Blätter klein geschnitten und unter das Futter gemischt. Der Apiolgehalt der **Petersilie** bewirkt, abgesehen von einer leichten Anregung der Verdauungsvorgänge, eine Steigerung der Nierentätigkeit und regt damit die Harnausscheidung an. Da Petersilie Gebärmutterkontraktionen und somit Fehlgeburten auslösen kann, sollte sie bei tragenden Hündinnen nur in kleinen Mengen fein gehackt gefüttert werden.

Rosmarin ist zugehörig zur Familie der Lippenblütler und hat den Hauptwirkstoff über das ätherische Öl (1 - 2,5 %), das Terpene, Gerbsäure und Bitterstoff enthält. Die Wirkungsweise im Bereich des Magen-Darm-Kanals, dessen Drüsen er zur gesteigerten Tätigkeit anregt, reichen von krampflösend bis wachstumshemmend gegenüber schädlichen Bakterien, d. h. Rosmarin ist auch geeignet bei Blähungen. Im Nierensystem wirkt er leicht harntreibend. Bei den weiblichen Geschlechtsorganen fördert er leicht die Durchblutung. **Salbei** und **Thymian** gehören zur Familie der Lippenblütler und sind die sogenannten pflanzlichen Bakterienvernichter.

Salbeiblätter eignen sich bei Entzündungen, ob bei Halsschmerzen, Magenbeschwerden oder z. B. Zahnfleischentzündungen. Teezubereitungen aus Salbeiblättern hemmen den Milchfluss und finden Anwendung zum Abstillen bei scheinträchtigen Hündinnen. Das im **Thymian** bis zu 50 % enthaltene Thymol besitzt starke desinfizierende Kraft. Es entfaltet im Thymian daher seine Wirksamkeit bei infektiösen Prozessen des Magen-Darm-Kanals, der Lunge und der Harnorgane. **Sauerampfer** zeichnet sich durch einen hohen Gehalt an Vitamin C und Eisen aus. Seine Blätter fördern die Blutbildung und regen die Dickdarmtätigkeit an. Er ist ähnlich purinreich wie Spinat. Das ätherische Öl in der **Zitronenmelisse** besitzt die Fähigkeit, krampflösend und schmerzstillend zu wirken und gleicht hinsichtlich seiner Wirkungen vielfach dem Pfefferminzöl. Einige getrocknete Kräuter sind nebenbei sehr kalziumreich (siehe Tabelle).

Ein Geheimtipp: Die Frankfuter Grüne Soße
Eine hervorragende Mischung bereits fertig abgepackt aus sieben verschiedenen, frischen Kräutern gibt es bei uns im Großraum Frankfurt unter der Bezeichnung »Frankfurter Grüne Soße« bestehend aus: Kresse, Kerbel, Schnittlauch, Petersilie, Pimpinelle, Borretsch und Sauerampfer. Sie soll auch Goethes Leibgericht gewesen sein. Unsere Hunde bekommen »Goethes Leibgericht« mindestens zwei bis drei Mal pro Woche: Wir verteilen ein ganzes Paket auf sieben bis acht Hunde und pürieren die frischen Kräuter, bevor wir sie unter das Futter mischen.

Fette und Öle

Fette und Öle sind Brennstoffe tierischer oder pflanzlicher Herkunft mit essenziellen Fettsäuren. Essenzielle Fettsäuren sind wichtige Bestandteile von Membranen wie z. B. der Zellmembran, aber auch von Zellorganellen wie Mitochondrien. Aufgrund ihres Dipolcharakters können sie sowohl Säuren als auch Basen neutralisieren und daher ausgleichend auf den Säure-Basenhaushalt wirken.

Sie sind ein wichtiger Faktor für das Zellwachstum und auch der Zellteilung selbst. Essenzielle Fettsäuren stellen die Vorstufen der Prostaglandine dar. Somit erfolgt eine Beeinflussung des gesamten Wirkspektrums von Prostaglandinen durch essenzielle Fettsäuren. Nahrungsfette sind daher nicht nur ein wichtiger Bestandteil in der täglichen Ernährung, sondern sind auch Träger der fettlöslichen Vitamine A, D, E und K, die ohne Fett vom Organismus nicht aufgenommen werden können. Man unterscheidet gesättigte Fettsäuren von den einfach ungesättigten und den mehrfach ungesättigten Fettsäuren.

Naturbelassene Öle und Fette, wie sie durch Kaltpressung ohne jede Hitzeanwendung und ohne Verwendung von Extraktionsmittel gewonnen werden, haben nicht nur ihren Brennwert (Kalorienwert), sondern sind vielmehr gleichzeitig Träger zahlreicher fettlöslicher Wirkstoffe wie Provitamin A, Provitamin D, Vitamin E, Phosphatide (Lezithin) und Spurenelementen.

Zu den **gesättigten Fetten** gehören beispielsweise Butter und Schmalz. Deutsche Butter enthält mindestens 82 % leicht verdauliches Milchfett und höchstens 16 % Wasser. Um 1 kg Butter herzustellen, sind 25 l frische Milch bzw. 2,5 l Rahm nötig. Schmalz ist weiterverarbeitetes Schlachtfett von Tieren, vor allem von Schweinen und Gänsen.

Zu den **ungesättigten Fetten** gehört u. a. Margarine, auch Kunstbutter genannt, mit 23 % gesättigte Fettsäuren, der Rest besteht aus ungesättigten Fettsäuren. Margarine besteht im Wesentlichen aus gehärteten und ungehärteten Pflanzenfetten sowie aus Wasser und Magermilch. Pflanzenmargarine muss zu 97 % aus Pflanzenfetten bestehen und mindestens 15 % Linolsäure enthalten. Eine Sonnenblumenmargarine muss zu 97 % aus Sonnenblumenöl bestehen. Der ernährungsphysiologische Wert von Margarine hängt stark von der Herstellung ab und davon, ob sie gehärtete Fette enthält. Wegen des Anteils gehärteter Fette ist der gesundheitliche Wert von Margarine umstritten.

Öle mit hohem Anteil ungesättigter Fettsäuren

Die ungesättigten Fette (essenzielle Fettsäuren) mit dem höchsten Anteil an ungesättigten Fettsäuren befinden sich überwiegend in Ölen wie zum Beispiel im Distelöl, Leinöl, Maiskeimöl, Olivenöl, Rapsöl, Sojaöl, Sonnenblumenöl und Weizenkeimöl mit unterschiedlich hohen Anteilen an ungesättigten Fettsäuren. Ferner zählen auch Fischöle und vor allem Nachtkerzenöl, die gezielte Anwendung bei Hautproblemen finden, dazu.

Die essenziellen Fettsäuren können nicht vom Organismus produziert werden und müssen deshalb mit der Nahrung aufgenommen werden.

Die Linolsäure eine zweifach ungesättigte Omega-6-Fettsäure gehört ebenso wie die Linolensäure zu den essenziellen Fettsäuren.

Bei den Linolensäuren unterscheidet man zwei Formen von Omega-Fettsäuren:

Alpha-Linolensäure = Omega-3-Fettsäure
Gamma-Linolensäure = Omega-6-Fettsäure

Omega-3-Fettsäuren sind:	Wichtigste Nahrungsquellen
Alpha-Linolensäure	Leinöl, Sojaöl, Rapsöl, Hanföl, Walnussöl, Margarine
Eicosapentaensäure (EPA)	Seefische (Makrele, Lachs, Hering, Sardine, Thunfisch)
Docosahexaensäure (DHA)	Seefisch

Omega-6-Fettsäuren sind:	
Gamma-Linolensäure	Nachtkerzenöl 71 %, Hanföl, Borretschöl
Linolsäure	Distelöl, Sojaöl, Hanföl, Sonnenblumenöl, Margarine, Leinöl, Rapsöl, Olivenöl, etc.
Arachidonsäure	vorwiegend in tierischen Fetten (Thunfisch 280 mg/100 g, Eigelb 297 mg/100 g, Schweineschmalz 1700 mg/100 g)

Im Rahmen einer gesunden Fütterung ist die Linolsäure aus der Gruppe der Omega-6-Fettsäuren die wichtigste ungesättigte Fettsäure. Bei der Fettergänzung ist folglich ein hoher Gehalt an Linolsäure empfehlenswert.

Der Tagesbedarf an Linolsäure beim ausgewachsenen, gesunden Hund liegt bei 150 mg pro Kilogramm Körpergewicht.

Die Anforderung an die Versorgung mit essenziellen Fettsäuren sind bei wachsenden Hunden und insbesondere laktierenden Hündinnen infolge des relativ hohen Gehalts der Milch an Linolsäure höher als im Normalfall.

Linolsäure in g pro100 g Lebensmittel

Konzentrationsbereich	Lebensmittel
25 - 75 g	Safloröl, Sonnenblumenöl, Weizenkeimöl, Maiskeimöl, Sojaöl, Walnussöl, Kürbiskernöl, Sesamöl, Diätmargarine, Hühnerfett, Walnuss
11 - 25 g	Rapsöl, Erdnussöl, Leinöl, Pflanzen- und Halbfettmargarine, Mandel, Sesamsamen, Sojamehl
3 - 11 g	Gänsefett, Schweineschmalz, Hammeltalg, Olivenöl, Palmöl, Eigelb (Huhn), Gans, Suppenhuhn, Amarant, Weizenkeime, Leinsamen
1 - 3 g	Rindertalg, Butter, Rindfleisch (fett), Huhn, Ente, Truthahn, Hafer, Hirse, Mais, Haferflocken, Weizenkleie, Dinkelmehl
0,5 - 1 g	Sahne, Trockenvollmilch, Frischkäse (fett), Emmentaler, Weizen, Roggen, Buchweizen, Reis (unpoliert), Weizenschrotbrot
0,2 - 0,5 g	Butterkäse, Edamer, Tilsiter, Mozzarella, Münster, Schmelzkäse, Rindfleisch, Corned Beef, Lachs, Ostsee-Hering, Ölsardine, Markrele, Thunfisch
0,1 - 0,2 g	Schafmilch, Ziegenmilch, Quark (20 %), Hüttenkäse, Rindfleisch (mager), Rinderherz, Brennnessel, Sellerie, Porree, Karotte, Erdbeere, Himbeere

Essenzielle Fettsäuren vor allem in Form von Linolsäure sind sehr wichtig für die Haut und das Haarkleid des Hundes. Einerseits führen sie zu dem optischen Effekt der Erhöhung des Fellglanzes, andererseits unterstützen sie – und das ist besonders wichtig – die Besserung und Heilung allergischer oder entzündlicher Hauterkrankungen, indem sie nachweislich die Bildung von Entzündungsmediatoren beeinflussen. Die Aufnahme der Gamma-Linolensäure führt zu einer verstärkten Synthese von Prostaglandinen der Serie 1 mit entzündungshemmender Wirkung.

Mangel an essenziellen Fettsäuren macht sich auf der Haut und dem Haarkleid durch raues, trockenes Fell, Haarausfall, vermehrte Ohrenschmalzbildung, erhöhte Infektionsanfälligkeit der Haut und verzögerte Wundheilung bemerkbar. Die Symptome beginnen häufig am Unterbauch und verschlechtern sich bei trockener Luft. Neben der Hautsymptomatik wird der Muskeltonus reduziert, es kann zur Leberverfettung und Degeneration der Leber kommen, ebenso zur Anämie und zu Fruchtbarkeitsstörungen.

Höheres Krebsrisiko durch Öle und Fette?

Auf diese Thematik wurde ich durch Zitate auf BARF-Seiten im Internet aufmerksam, wo es hieß:

»Dazu sollte man wissen, dass eine seltsamerweise kaum publizierte Studie eines schwedischen Instituts bewies, dass Konsum von Sonnenblumenöl Veränderungen im Erbgut begünstigte, die zu Krebs führen konnten. Das Institut in Schweden fand heraus, dass diese Öle (u. a. auch positiv getestet waren Distel- und Maiskeimöl) eine Entstehung von Krebs zu einem sehr hohen Prozentsatz von über 50 % beeinflussen können. Warum macht es uns nicht stutzig, dass schon seit vielen, vielen Jahren Sonnenblumenöl in Versuchslaboren als Wachstumsbeschleuniger für Krebstumore eingesetzt wird?«[4]

Dieser Behauptung bin ich nachgegangen und habe mir von dem in diesem Bereich führendem Wissenschaftler Prof. Dr. Erwin Eder (Leiter der

[4] vgl. http://www.der-gruene-hund.de/ernaehrung/oeleundfette.htm, aufgerufen am 10.02.2010

Toxikologie an der Universität in Würzburg) Informationen zu dieser möglichen Problematik eingeholt. Prof. Eder leitet seit Jahren u. a. zu dieser Thematik ein Forschungsprojekt, das auch vom »World Cancer Research Fund« (WCRF, Weltfonds für Krebsforschung) mit Sitz in London gefördert wurde.

Es stellte sich zunächst heraus, dass die Studie nicht aus Schweden, sondern aus Finnland stammt, und zwar von einem Kollegen Naier. Es wurde dort mit Inzestratten gearbeitet, denen man extrem hohe Mengen genannter Öle verabreicht hatte. Zum einen lässt sich sicherlich über die Fütterung mit Höchstmengen benannter Öle an eigens dafür gezüchteten, anfälligen Inzestratten keine wissenschaftlich haltbare fundierte Aussage über ein potenziell erhöhtes Krebsrisiko bei anderen Lebewesen ableiten. Zum anderen sind auch die Zahl mit 50 % ebenso wie der Wachstumsbeschleuniger und das Entstehungsland der Studie falsch wiedergegeben. Aus meinen Gesprächen mit Prof. Eder, für die ich mich hiermit nochmals sehr herzlich bei ihm bedanken möchte, haben sich jedoch einige interessante Informationen zum Thema »Öle und Krebs« ergeben, die ich meinen Lesern nicht vorenthalten möchte.

Olivenöl und Rapsöl haben einen sehr hohen Anteil an einfach ungesättigten Fettsäuren und zählen daher aufgrund seriöser und aktueller wissenschaftlicher Untersuchungen zu den sehr gesunden Ölen. Sie sind damit nicht an der Krebsentstehung beteiligt. Für den chemisch interessierten Leser dazu eingehendere Informationen.

Neben vielen Faktoren spielt die Zusammensetzung der Nahrungsfette bei der Krebsentstehung eine Rolle. Insbesondere bestimmte mehrfach ungesättigte Fettsäuren, vor allem Linolsäure und Arachidonsäure, sollen von größter Bedeutung sein. Linolsäure kommt zu 50 - 65 % in Maiskeimöl und Sonnenblumenöl und bis zu 80 % in Färberdistelöl vor. Die Arachidonsäure ist dagegen vorwiegend in tierischen Fetten zu finden. Beide Fettsäuren werden im Organismus des Menschen in die Hülle der Zellen eingebaut. In jeder Zelle entstehen durch normale oder auch krankhafte Stoffwechselvorgänge sehr aggressive Sauerstoffvarianten. Diese Sauerstoffvarianten können die Fettsäuren angreifen und sie teilweise zu krebserregenden Substanzen abbauen, vor allem zu Malondialdehyd (MDA) und zu 4-Hydroxy-2-nonenal (HNE). MDA und HNE können sich mit der Erbsubstanz DNA zu den sogenannten Addukten verbinden: Mutationen, die Entstehung von Krebszellen und deren weitere Ausbreitung sind mögliche Folgen. Andere mehrfach ungesättigte Fettsäuren, die in Fischölen oder im Rapsöl vorkommen, sollen dagegen den Abbau der genannten Fettsäuren und damit die Bildung der gefährlichen Addukte unterdrücken. Weitere Studien dazu sind in Arbeit. Prof. Eder brachte im Gespräch zum Ausdruck, dass man hier und heute bezüglich der Addukte von Tendenzen sprechen kann und wendet sich gegen die Aussagen, dass das Ernährungsmotto »je mehr mehrfach ungesättigte Fettsäuren, desto gesünder« damit klar widerlegt werden könne. Olivenöl von bester Qualität wie auch kaltgepresstes Rapsöl sind für ihn beim Menschen Produkte erster Wahl, weil durch den sehr hohen Anteil einfach ungesättigter Fettsäuren die beschriebene mögliche Problematik erst gar nicht entsteht. Olivenöl besteht beispielsweise zu 77 % aus einfach ungesättigten Fettsäuren, 9 % mehrfach ungesättigten Fettsäuren und 14 % gesättigte Fettsäuren. Rapsöl hat einen Gehalt von 65 % an einfach ungesättigten Fettsäuren, vor allem Ölsäure.

Somit fühlen wir uns auch in diesem Punkt in unserer mediterranen Fütterung mit nahezu täglicher Gabe von kaltgepresstem »extra vergine« Öl bestätigt, das wir nach wie vor aus einer kleinen Ölmühle in der Toskana beziehen.

Futterergänzungsmittel

Im Rahmen einer gesunden Ernährung für sich selbst hat man einige Ergänzungsmittel teilweise zuhause oder besorgt sie für eine gezielte Anwendung, um sie zum Beispiel für einige Wochen einzusetzen oder auch dauerhaft zuzufüttern.

Aloe Vera

Da Aloe nicht gleich Aloe ist, sei hier erwähnt, dass wir nur ein sehr hochwertiges Produkt verwenden, nämlich das Aloe Vera Gel der Firma Forever-Living-Products. Es enthält 21 Aminosäuren, 15 Enzyme,13 Mineralstoffe, essenzielle Fettsäuren und die Vitamine A, C, E, B1, B2, B6,

B12. Innerlich angewandt (tägl. ein kleines Schnapsglas) dient es zur Stabilisierung des Immunsystems und wird ins Futter gegeben. Das Gel eignet sich u. a. auch zur unterstützenden Behandlung bei Durchfällen wie auch bei Magen-Darm-Irritationen, die durch bakterielle Infektionen bedingt sind. Daher ist das Gel auch nach einer Behandlung mit Antibiotika empfehlenswert. Es wird in zwei verschiedenen Geschmacksvarianten angeboten, mit nahezu neutralem Geschmack oder nach Beeren schmeckend. Unsere Hunde bevorzugen den Geschmack nach Beeren.

Apfelessig

Apfelessig sollte in der Hundefütterung nicht fehlen, denn er besitzt alle guten Eigenschaften des Apfels. Der Qualität zuliebe verwendet man vorzugsweise den Apfelessig aus dem Reformhaus. Er wirkt einer Übersäuerung des Körpers entgegen. Nur bei Hunden mit Leberschwäche sollte er nicht gegeben werden.

Blütenpollen

Blütenpollen sind nicht nur Energielieferanten, sondern durch die Gesamtheit ihrer Inhaltsstoffe auch hervorragende Biostimulatoren. Sie enthalten 22 essenzielle Aminosäuren – in 100 g Pollen sind so viele essentielle Aminosäuren enthalten wie in 500 g Rindfleisch oder 7 Eiern. Zudem besitzen sie viele Vitamine (Provitamin A, Beta-Carotin, Vitamin B1, B2, B6, Vitamin C, Vitamin E, Vitamin H) und Mineralstoffe wie Kalium, Kalzium, Kupfer, Natrium, Magnesium, Mangan, Phosphor, Silicium, Zink und Lecithin. Sie werden teelöffelweise unter das Futter gegeben und stärken das Immunsystem, fördern die Durchblutung, steigern die Konzentration und haben sich bei Nervosität ebenso wie bei Haarausfall bewährt.

Hefen

Futterhefen sind hohe Vitamin B-Lieferanten und sehr eiweißreich. Wir füttern sie nicht wegen der Möglichkeit von Fehlgärungen und vor allem wegen ihres extrem hohen Puringehaltes.

Honig

Honig (ein Basenbildner) besteht größtenteils aus Fruchtzucker (ca. 38 %) und Traubenzucker (ca. 31 %), was beispielweise u. a. bei einer geschädigten Leber von Bedeutung ist, die nicht mehr in der Lage ist, aus Traubenzucker die Speicherform Glykogen aufzubauen, es aber aus Fruchtzucker noch kann. Fruchtzucker wird bis zu 29 % im Leberstoffwechsel zu Glykogen aufgebaut und festgehalten. Honig enthält Spuren von Vitaminen wie C, B1, B2 ,B6, H und Panthothensäure.

Im Honig sind ferner Mineralstoffe wie Kalium, Magnesium, Kalzium und die Spurenelemente Eisen und Kupfer enthalten. Eisen wird für die Bildung des roten Blutfarbstoffes (Hämoglobin) benötigt. Die Eisenmengen im Honig sind zwar gering, doch wird die Ausnutzung dieses wichtigen Spurenelementes durch die gleichzeitige Anwesenheit von Vitamin C verbessert und der Einbau des Hämoglobins durch das ebenfalls vorliegende Kupfer begünstigt. Außerdem besitzt Honig über Inhibine (entstehen bei der fermentativen Zuckerumwandlung) bakterientötende und keimtötende Wirkung. Honig ist ein sehr wertvoller Bestandteil bei der Fütterung und bietet auch bei einigen Diäten Vorteile, man muss lediglich beachten, dass er wegen seiner Kalorien nicht zu reichlich gefüttert wird. Qualitativ guter Honig ist immer kalt geschleudert.

Kieselgur

Kieselgur besteht aus Kieselsäureschalen fossiler Kieselalgen (Diatomeen). Diese bestehen zum größten Teil aus amorpher Kieselsäure. Es wird allgemein angenommen, dass Kieselerde hilfreich für die Neubildung von Haut, Haaren, Knochen und Bindegewebe ist. Ein Mangel an Kieselsäure kann sich durch Ausschläge und stumpfes Fell bemerkbar machen. Wir füttern sie gerne während des Fellwechsels als »Salomons Pharmagelatine mit Kieselgur«.

Leinsamen

Leinsamen enthalten etwa 40 % Fett (Leinöl). Die mehrfach ungesättigte Omega-3-Fettsäure Alpha-Linolensäure hat einen Anteil von etwa 50 %, das ist eine der höchsten Konzentrationen von Omega-3-Fettsäuren unter allen Pflanzenölen. Weitere wichtige Inhaltsstoffe sind Schleimstoffe, Leinöl, Lecithin, ferner Sterine, die Vitamine B1, B2, B6 und E sowie Nicotin-, Fol- und Pantothensäure. Leinsamen enthält sogenannte cyanogene Glycoside in Form von Linustatin und Neolinustatin. Dies sind Blausäurevorstufen. Der zu saure pH-Wert im Magen und der Abbau durch Rhodanasen verhindert jedoch Vergiftungen bei Aufnahme normaler Menge.

Leinsamen wird in geschroteter Form verwendet. Wir haben über die vielen Jahre sehr positive Erfahrungen bei innerlicher Anwendung von Leinsamenschleim bei Hunden gemacht. Für einen ausgewachsenen Hund von mittlerer Größe (25 - 30 kg) nimmt man ca.1 Teelöffel, übergießt diesen mit einer kleinen Menge heißen Wassers und lässt ihn rund zwei bis drei Stunden quellen, sodass er eine schleimähnliche Konsistenz bekommt. Erst dann gibt man ihn unters Futter. Dadurch wirkt Leinsamen nicht nur als Stuhlregulierungsmittel über seine Gleit- und Quellstoffe, sondern normalisiert auch Fäulnis- und Gärungsprozesse bei bakterieller Besiedlung des Darms, was leicht daran zu erkennen ist, dass der Stuhl seinen üblen Geruch verliert. Über den hohen Anteil an Schleimstoffen vermag Leinsamen größere Mengen Wasser im Darm zu binden und die Schleimhaut von Magen und Darm mit einem schützenden Film zu überziehen. Aufgrund dieser Eigenschaft zeigen die Leinsamenschleime eine sehr gute Wirksamkeit bei Darmerkrankungen. Auch nach antibiotischer Behandlung erholt sich die häufig in Mitleidenschaft gezogene Darmflora mit der täglichen Gabe von Leinsamen leichter. Zudem schützt Leinsamenschleim auch auf natürliche Art die Magenschleimhaut und findet Anwendung bei einer leichteren Gastritis.

Molke

Molke (ein Basenbildner) mit ihrem durch die Milchsäure bedingt leicht säuerlichen Geschmack ist eine zusätzliche Eiweißquelle mit 129 mg Kalium, 68 mg Kalzium, 1 mg Magnesium, 43 mg Phosphor und Orotsäure, die wiederum zum Eiweißaufbau benötigt wird. Zudem sind zahlreiche B-Vitamine, allen voran Vitamin B2, in beachtlichen Mengen in Molke enthalten. Im Eiweiß der Molke dominieren die sogenannten Molkenproteine. 100 g Molke enthalten zwar weniger als 1 g Eiweiß. Dieses Eiweiß ist aber besonders hochwertig, d. h. schon mit einer kleinen Menge lässt sich Körpereiweiß wie beispielsweise Muskelmasse aufbauen. Molke enthält rund 4,7 % Milchzucker. Milchzucker ist ein bewährtes Hausmittel gegen eine schleppende Verdauung und gegen zu harten Kot. Ferner fördert Molke die Wasserausscheidung, was bei Nierenerkrankungen und Bluthochdruck erwünscht ist.

Nachtkerzenöl

Nachtkerzenöl vermag die Hautfeuchtigkeit nachhaltig zu verbessern und zu erhalten. Es enthält die mehrfach ungesättigten Fettsäuren Linolsäure und Gamma-Linolensäure. Wenn wir Nachtkerzenöl verwenden, nehmen wir nur das qualitativ sehr hochwertige Nachtkerzenöl als Efamol 500® Kapseln von Sidroga®, auch wenn es teurer ist als andere Produkte. Efamol 500® enthält das spezielle Rigel-Nachtkerzenöl mit natürlicherweise erhöhtem Gamma-Linolensäuregehalt, nämlich 33 % mehr als herkömmliches Nachtkerzenöl. Rigel bezeichnet dabei einen speziellen Nachtkerzensamen, in dem durch jahrelange sorgfältige Auswahl und Züchtung der natürliche Gehalt an Gamma-Linolensäure erhöht ist. Dieses kostbare Öl wird in einem besonders schonenden Verfahren aus dem Samen der Nachtkerze gewonnen. Wir haben Efamol® bisher immer mit bestem Erfolg bei unseren säugenden Hündinnen eingesetzt, so dass sie stets ein blendend glänzendes, dichtes Fell behalten haben.

Nüsse

Nüsse und Mandeln enthalten viel Fett und Vitamine und den Mineralstoff Magnesium. Sie werden gerne gefressen und können zwischendurch zur Abwechslung selbstverständlich in kleinen Mengen gefüttert werden. Zur besseren Verdauung sollten sie zerkleinert werden.

Propolis

Propolis – auch Bienenharz, Kittwachs oder Kittharz genannt – ist ein natürlich vorkommendes Antibiotikum und auch Antimykotikum, ein

Gemisch aus vielen unterschiedlichen Stoffen, deren Zusammensetzung stark variiert. Propolis ist ein Naturgemisch aus den chemischen Elementen Zink, Eisen, Magnesium, Selen, Silizium und Kupfer, ebenso aus den Vitaminen A, B3 und E sowie gleichzeitig auch aus Inhaltsstoffen in Form von ätherischen Ölen, Fettsäuren und Flavonoiden (sekundäre Pflanzenstoffe), die für die antioxidative Wirkung verantwortlich gemacht werden. In Tierversuchen wirkt Propolis antibiotisch, antimykotisch, zytotoxisch (hemmt das Wachstum von Tumoren) und virusinaktivierend. Bei Hunden findet es zusätzlich Verwendung als natürliches Mittel zur Vorbeugung von Wurmbefall (1 ml Propolis Urtinktur auf 500 ml Wasser, kühl und dunkel in einer braunen Flasche lagern und über 6 - 8 Tage ein Mal täglich 2 Teelöffel ins Futter geben).

Reishi

Reishi, auch Ling Zhi bzw. glänzender Lackporling (Ganoderma Lucidum) gehört zu den sogenannten Vital- bzw. Heilpilzen. Seine Verwendung als Vitalpilz reicht in der chinesischen Medizin etwa viertausend Jahre zurück. Reishi hat nach japanischen und amerikanischen Studien u. a. eine blutdrucksenkende, antithrombotische, antiallergische und cholesterinsenkende Wirkung. Dies wird den Triterpenen zugeschrieben, die im Reishi reichlich vorhanden sind. Reishi soll nicht nur positive Wirkung bei Lebererkrankungen zeigen, sondern auch die Immunabwehr des Körpers, insbesondere der sog. T-Zellen, aktivieren. Dazu enthält er auch Vitamine und Mineralstoffe u. a. Eisen, Magnesium, Kalzium, Zink, Kupfer und Mangan. Im Handel sind sowohl der hochkonzentrierte Extrakt des Reishi Pilzes als auch der pulverisierte Reishi in Tabletten- oder Kapselform.

Seealgen

Seealgen sind ein Jodlieferant, sie enthalten Mineralstoffe, Vitamine und Spurenelemente und bestehen zu 60 - 70 % aus Eiweiß, daher sollten sie nur gezielt und kurzfristig eingesetzt werden. Sie sollen pigmentverstärkend wirken.

Symbiopet®

Das Produkt Symbiopet® ist für Katzen als Fleischfresser und Hunde als Allesfresser/Fleischfresser geeignet. Es besteht aus probiotischen Bakterien (Milchsäurebakterien) und aus dem Prebiotikum Inulin, einem wasserlöslichen Ballaststoff. Es unterstützt die Darmschleimhaut und stabilisiert die Darmflora, die durch die unterschiedlichsten Faktoren in ihrem Gleichgewicht empfindlich gestört werden kann, wie beispielsweise durch Futtermittelumstellung, durch Antibiotika und Corticoide, durch Darminfektionen, Wurmbefall, Futtermittelunverträglichkeiten und Allergien oder durch Stress. Neuere Untersuchungen zeigen, dass Probiotika bei entzündlichen Darmerkrankungen oder Futtermittelallergien die Dosis konventionell eingesetzter Immunsuppressiva (Mittel, die das Immunsystem unterdrücken) reduzieren können. Die eingesetzten Bakterienstämme sind Lactobacillus acidophilus und Enterococcus faecium. Milchsäurebakterien sind Multitalente als Wächter über das ökologische Gleichgewicht der Darmflora. Sie stabilisieren über die Produktion von Milch- und Essigsäure den ph-Wert des Darms in seinem ursprünglich leicht sauren Bereich und unterstützen somit die natürliche Barrierefunktion des Darmes. Ferner dienen sie zur Regulierung des Immunsystems, indem sie die Bildung des sekretorischen Immunglobulins A als Schutzimmunglobulin für alle Schleimhäute fördern. Lactobacillus acidophilus ist als starker Säureproduzent wichtig für die Aufrechterhaltung der Kolonisationsresistenz im Dünndarm. Enterococcus faecium produziert proteolytische Enzyme und ist daher besonders wichtig für die Nahrungsaufspaltung bei Carnivoren (Fleischfressern). Carnivoren profitieren von der Produktion von Bakteriozinen, die die Vermehrung von potenziell pathogenen Keimen hemmen. Bei Hundewelpen zeigen neuere Untersuchungen, dass zum Beispiel durch Gaben von Enterococcus faecium das Immunsystem stimuliert werden kann.

Weizenkeime

Weizenkeime haben einen hohen Gehalt an B-Vitaminen und enthalten Vitamin E und ebenso einen hohen Anteil an Aminosäuren, und zwar 26,6 g pro 100 g. Achtung: Da sie aber über einen sehr hohen Gehalt an

Phosphor verfügen, nämlich 1100 mg (!) sind sie für den Dalmatiner sowie für Englische Bulldoggen nicht geeignet.

Wobenzym®

Wobenzym® Dragees sind ein Kombinationsarzneimittel aus verschiedenen Enzymen und einem Flavonoid mit entzündungshemmenden und immun-modulierenden Eigenschaften der Firma MUCOS. Als wirksame Bestandteile sind die Enzyme Bromelain und Papain enthalten. Als Flavonoid ist Rutosid, auch Rutin genannt, enthalten. Enzyme steuern nahezu alle Lebensvorgänge und spielen eine wichtige Rolle bei der Regulierung der körpereigenen Abwehr. Bei ungenügender Aktivität und Bildung solcher Enzyme kommt es zu tiefgreifenden gesundheitlichen Störungen und chronischen Erkrankungen. Die Enzyme bauen entzündliche Stoffwechselprodukte beschleunigt ab. Pflanzliches Rutosid (Rutin) normalisiert die Durchlässigkeit der Gefäßwände, Schwellungen und Blutergüsse bilden sich schneller zurück, die Fließeigenschaften des Blutes wird verbessert und damit auch die Mikrozirkulation. Es wird angewendet bei Entzündungen wie z. B. Entzündungen im HNO-Bereich (Mittelohrentzündungen etc.), Entzündungen der Atmungswege wie Bronchitis, Entzündungen der Harn- und Geschlechtsorgane, Entzündungen der Lymphgefäße, Durchblutungsstörungen, Entzündungen nach Verletzungen wie Zerrung, Prellung, Verstauchung, Entzündungen der Haut etc.

Knochen, andere Kauartikel, Belohnungshappen und Zahnpflege

Knochen weisen neben Bindegewebe und Fett einen hohen Gehalt an Kalzium und Phosphor auf, zusätzlich enthalten sie auch Magnesium, Natrium und Zink. Einerseits dienen sie zur Mineralstoffergänzung, andererseits wird ihnen eine günstige Wirkung hinsichtlich der Zahnpflege nachgesagt. Wir persönlich sind in puncto Knochenfütterung sehr zurückhaltend, da splitternde Knochen ein großes Problem darstellen. Splitternde Knochen können nicht nur zu Verletzungen im Maul und an den Zähnen selbst führen, sondern auch zu schlimmen Verletzungen in der Speiseröhre und im Magen oder Darm. Knochen, die besonders leicht splittern und die deshalb nicht gegeben werden dürfen, sind Geflügelknochen und Wildknochen. Bei sehr harten Knochen kann es unter Umständen zu Zahnbrüchen oder zu Zahnabsplitterungen kommen. Zum Thema Fütterung von harten Knochen und Zahnabsplitterung bzw. Zahnbrüche wurde uns im Rahmen eines Seminars von einer Fachtierärztin für Zahnheilkunde anschauliches Diamaterial gezeigt. Ein Zuviel an Knochen führt gerne zu schweren Verstopfungen. Ältere Hunde ab dem sechsten oder siebten Lebensjahr sollten keine Knochen mehr bekommen, da sie besonders häufig mit gefährlichen Verstopfungen reagieren und es sogar im schlimmsten Fall zu einem Darmverschluss kommen kann, bei dem nur noch eine schnelle Notoperation helfen kann.

Äpfel und Karotten zur Belohnung, hartes Brot und selbstgebackene Barren zur Zahnpflege

Wir füttern unseren ausgewachsenen Hunden zur Zahnpflege sehr gut getrocknetes, richtig hartes Brot (im Backofen bei etwa 80 - 100 Grad wird der Trocknungsprozess beschleunigt) oder Katharinas Zahnpflege-Barren (Rezept s. S. 156).

Zu beliebten Kauartikeln zählen Ochsenziemer, Schweineohren, Rinderohren, Sehnen und Büffelhautknochen. Bei all diesen getrockneten Schlachtabfällen sollte der Rohproteingehalt, der extrem hoch ist, stets in punkto tägliche Gesamtproteinmenge gut beachtet werden.

ACHTUNG

Bei Dalmatinern und Englischen Bulldoggen muss bedacht werden, dass die »kleinen Belohnungen«, die häufig zwischendurch gegeben werden, einen extrem hohen Proteingehalt haben: Ochsenziemer enthalten beispielsweise 84,6 g, getrocknete Schweineohren 65,4 g, Sehnen 54,0 g (bezogen pro 100 g) Protein.

Wir füttern aufgrund des extremen Proteingehalts, sei es zur Zahnpflege oder zur Belohnung, wie bereits beschrieben ganz hart getrocknetes Brot, »Katharinas Zahnpflegebarren« oder auch mal Karotten oder Äpfel. »Katharinas Zahnpflegebarren« sind proteinarm und phosphorarm, mit gesunden Zutaten und wohlschmeckend. Die Zutaten waren meine Idee und Katharina hat das Zubereiten perfekt in die Tat umgesetzt.

Auf dem Futtermittelmarkt gibt es ein überreichliches Sortiment an Belohnungshappen, Zahnpflegestreifen, Zahnpflegebroten, Hundekuchen und vieles mehr, sie alle enthalten aber reichlich bis überreichlich Protein und Phosphor. Hier gibt es teilweise lediglich auf der Verpackung, wenn überhaupt, einen Hinweis, dass beispielweise nur ein bis maximal zwei Hundekuchen pro Tag gefüttert werden dürfen. Dieser Hinweis steht bei seriösen Herstellern nicht grundlos. Es gibt keinen Barren oder Hundekuchen, der protein- und phosphorarm ist und somit ohne Überlastung der Nieren an beispielsweise Hundesenioren gefüttert werden könnte oder gar im Rahmen einer Nierendiät gegeben werden könnte.

Weitere Rezeptideen mit proteinarmen und phosphorarmen Zutaten, die auch für Hundesenioren, Leberdiäten, Nierendiäten etc. geeignet sind, finden Sie regelmäßig aktualisiert auf unserer Homepage www.dalmatiner-vom-jagdschloesschen.de.

Mineralstoffe, Spurenelemente, Vitamine, sekundäre Pflanzenstoffe

Außer den organischen Nährstoffen wie Proteinen, Kohlenhydraten und Fetten benötigt der Organismus auch anorganische Stoffe. Die für den Organismus lebensnotwendigen Mineralstoffe werden in **Mengenelemente** und **Spurenelemente** unterteilt. Diese Unterteilung ergibt sich aus der Höhe ihrer Konzentration im Organismus.

Zu den Mengenelementen gehören:	
Kalzium	(Ca)
Phosphor	(P)
Magnesium	(Mg)
Natrium	(Na)
Kalium	(K)
Chlorid	(Cl)

Zu den Spurenelementen gehören:	
Eisen	(Fe)
Kupfer	(Cu)
Zink	(Zn)
Mangan	(Mn)
Kobalt	(Co)
Jod	(J)
Selen	(Se)
Fluor	(F)

Mineralstoffe

Kalzium (Ca) und Phosphor (P)

Beide Mineralstoffe sind in erster Linie für die Bildung und Stabilität der Knochen verantwortlich. Kalzium ist unter anderem für die Blutgerinnung oder ebenso für die Kontraktion der Muskulatur von Bedeutung. Phosphor ist Bestandteil von Zellkernen und Phospholipiden wie beispielsweise Lezithin und an zahlreichen Stoffwechselvorgängen beteiligt, an der Zellvermehrung und an dem Transport von Fetten.

Beim ausgewachsenen Hund liegt der tägliche Bedarf bei 80 mg Kalzium und 60 mg Phosphor pro Kilogramm Körpergewicht. Das Ca/P-Verhältnis sollte bei 1,3:1 bis 2:1 (wären 80 mg Ca/40 mg P) liegen.

Auch bei intensiver Bewegung steigt der Bedarf nicht! Bei Zuchthündinnen ist in den letzten vier Wochen der Trächtigkeit der Ca- und P-Bedarf doppelt so hoch. Bei laktierenden Hündinnen steigt der Bedarf mit der Anzahl der Welpen um ein Vielfaches. Bei Welpen richtet sich der Gesamtbedarf nach dem Wachstum und ist in den ersten drei Monaten durch das verstärkte Skelettwachstum und die zunehmende Mineralisierung der Knochen besonders hoch.

Kalzium (Ca)

Der Kalziumspiegel im Blut wird über Hormone der Nebenschilddrüsen (Parathormon) und Schilddrüse (Calcitonin) reguliert. Bei Ca-Mangel wird vermehrt Parathormon gebildet, das die Freisetzung von Kalzium aus dem Skelett fördert. Somit wird auf die eingelagerten Reserven im Knochen zurückgegriffen. Sind diese Reserven erschöpft und es besteht eine permanente Unterversorgung, können zunehmend gesundheitliche Probleme im Bereich des Skeletts auftreten wie zum Beispiel Neigung zu Knochenbrüchen durch Osteoporose. Bei Ca-Überschuss kommt es zu einem zeitlich begrenzten Anstieg des Ca-Spiegels im Blut und es wird vermehrt Calcitonin von der Schilddrüse ausgeschüttet, das die Freisetzung von Kalzium aus dem Skelett hemmt. Zudem bindet Kalzium im Darm schädliche, sekundäre Gallensäuren. Solche Gallensäuren entstehen bei fettreicher Ernährung, wenn vermehrt Gallensäuren zur Fettverdauung in den Darm gelangen. An das Kalzium gebunden, verpufft deren schädliche Wirkung und die Säuren werden über den Stuhlgang ausgeschieden.

Phosphor (P)

Der Gehalt an Phosphor ist abhängig von der Ernährung und vom Alter. Beim wachsenden Welpen bis zu etwa gut einem Jahr ist der Phosphor-Gehalt immer etwas höher. Nach Abschluss des Wachstums sollte der Gehalt dann immer im Normbereich liegen. Phosphor wird vorrangig über die Nieren ausgeschieden. Ist das Angebot an Phosphor zu hoch, steigt die Phosphor-Konzentration im Harn und erhöht dadurch das Risiko der Harnsteinbildung, genauer der Struvit-Harnsteine. Ein Phosphor-Überschuss, insbesondere aus einer betonten Fleischfütterung in Kombination mit Getreide, beeinträchtigt einerseits die Absorption von Kalzium, Magnesium, Zink und Eisen und kann andererseits langfristig zu schwerwiegenden Nierenschäden bis zum Nierenversagen führen, ebenso zu gefährlichen Weichteilverkalkungen.

Bei selbst zusammengestelltem Futter ist besonders darauf zu achten, dass die Kalziummenge ausreichend ist und nicht zu viel Phosphor über das Futter zugeführt wird. Fleisch, Getreide und Getreideprodukte sind kalziumarm und enthalten höhere Mengen an Phosphor. Daher ergibt sich im Rahmen der Fütterung häufiger die Notwendigkeit der Ergänzung mit Kalzium, um zum einen ausreichende Mengen davon zuzuführen und zu anderen auch auf das erwünschte Ca/P-Verhältnis zu kommen.

Zu kalziumreichen und ebenso phosphorreichen Futtermittel gehören Knochen, Tiermehle, Fischmehle, Milchprodukte und Ei sowie Eierschalen.

Kalzium- und Phosphorgehalt einzelner Nahrungsmittel:

Beispiele:	Gehalt in mg je 100 g:
Kalbsknochen	13800 Ca / 6200 P
Fleischknochenmehl	15200 Ca / 7300 P
Milch (Magermilch)	125 Ca / 95 P
Milch (Vollmilch)	120 Ca / 90 P
Bio-Ziegenmilch	125 - 130 Ca / 110 P
Schafmilch	185 Ca / 115 P
Buttermilch	110 Ca / 90 P
JoBu (Joghurtbuttermilch)	100 Ca
Trockenvollmilch	1060 Ca / 715 P
Trockenmagermilch	1290 Ca / 1020 P

Beispiele:	Gehalt in mg je 100 g:
Emmentaler Käse 45 % Fett	1030 Ca / 625 P
Gouda 45 % Fett	820 Ca / 445 P
Parmesankäse	1180 Ca / 745 P
Joghurt 3,5 % Fett	120 Ca / 90 P
Magerquark 20 % i. Tr.	85 Ca / 165 P
Quark, 40 % i. Tr.	95 Ca / 190 P
Sahne mind. 10 % Fett	100 Ca / 85 P
Sahne mind. 30 % Fett	80 Ca / 60 P
Kuhmilch-Mozzarella	630 Ca / 430 P
Körniger Frischkäse	95 Ca / 150 P
Eigelb	140 Ca / 590 P
Brokkoli	60 Ca / 65 P
Fenchel Blatt	100 - 110 Ca / 50 P
Bologneser Fenchelknolle	40 Ca / 50 P
Möhren	35 Ca / 35 P
Sellerieknolle	50 Ca / 75 P
Spinat	115 Ca / 45 P
Brunnenkresse	180 Ca / 64 P
Petersilienblatt	180 Ca / 85 P
Schnittlauch	130 Ca / 75 P
Dillkraut (getrocknet)	1170 Ca
Rosmarin (getrocknet)	1470 Ca / 185 P
Salbei (getrocknet)	1770 Ca
Ausführlichere Tabelle mit Ca- und P-Gehalten am Ende des Buches.	

Magnesium (Mg)

Magnesium ist Bestandteil zahlreicher Enzyme und ist unentbehrlich im Kohlenhydrat-, Fett- und Eiweißstoffwechsel. Im Körper ist es zu gleichen Teilen auf Weichgewebe und Skelett verteilt.

Eine Überversorgung mit Magnesium kann sedierende Wirkung zeigen, aber auch Durchfall hervorrufen und beeinträchtigt die Verwertung von Kalzium und Phosphor. Zudem steigt die Magnesium-Konzentration im Harn und begünstigt im Fall eines gleichzeitig überhöhten Angebots an Protein und Phosphor die Bildung von Harnsteinen, und zwar von Magnesium-Ammonium-Phosphatsteinen, auch Struvitsteine oder Tripelphosphatsteine genannt.

Eine Unterversorgung mit Magnesium kann zur Muskelschwäche, zu Krämpfen wie auch Gefäß- und Herzmuskelverkalkungen führen.

Beim ausgewachsenen Hund liegt der tägliche Magnesium-Bedarf bei 10 - 12 mg pro Kilogramm Körpergewicht. In den letzten Wochen der Trächtigkeit und insbesondere bei laktierenden Hündinnen steigt der Bedarf.

Beispiele für magnesiumreiche Futtermittel:	Gehalt an Magnesium in mg je 100 g:
Haferflocken	140 (Phosphor 430)
Ungeschälter Reis	110 - 120
Weizenkleie	490 (Phosphor 1140)
Weizenkeime	285 (Phosphor 1020)
Getrocknete Bierhefe	230 (Phosphor 1900)
Erdnüsse	160 - 180
Haselnüsse, Mandeln	155 (Phosphor 170)
Walnüsse	130
Leinsamen	495
Sojabohne Samen, trocken	220
Grüne Bohnen	22
Kohlrabi	43
Gartenerbse Samen, grün, frisch	35

Kalium (K)

Kalium liegt zu etwa 90 % intrazellulär vor. Es ist unentbehrlich für die Regulierung des osmotischen Druckes in den Zellen und sorgt gleichzeitig für die Aktivitäten zahlreicher Enzyme, die beispielsweise bei der Glykolyse beteiligt sind. Gespeichert wird Kalium nur in begrenzter Menge in der Leber und in der Muskulatur.

Der tägliche Kalium-Bedarf beim ausgewachsenen und gesunden Hund liegt bei 55 mg pro Kilogramm Körpergewicht.

Der Bedarf steigt logischerweise bei chronischem Erbrechen und chronischen Durchfällen. Trächtige Hündinnen und insbesondere säugende Hündinnen haben einen höheren Bedarf, ebenso Saugwelpen.

Eine über längere Zeit dauernde Unterversorgung mit Kalium führt zu Unruhe und paralyseartigen Erscheinungen bei heranwachsenden Hunden und zu Leistungsschwäche, Blutdruckabfall und verringerter Nierendurchblutung bei ausgewachsenen Hunden. Höhere Mengen an Kalium werden relativ gut vertragen, wenn immer genügend Wasser angeboten wird. Polierter Reis, weißes Mehl, Fett und gewaschene Schlachtabfälle sind kaliumarm.

Reich an Kalium sind Obst, Gemüse, vor allem grünes Gemüse wie beispielsweise Spinat, Salat, Petersilie u. Ä. sowie Körnerfrüchte. Weizenkleie, Weizenkeime und Bierhefe sind besonders reich an Kalium, aber haben auch einen sehr hohen Gehalt an Phosphor!

Beispiele für kaliumreiche Futtermittel:	Gehalt an Kalium in mg je 100 g:
Leinsamen	710
Sojabohnen	1400
Gekochte Kartoffeln	520
Möhren	340
Rote Bete	360
Spinat	580 (s. Purintabelle)
Salat	170
Tomaten	160
Tomatenmark	1160
Äpfel	240
Bananen	350 (s. Purintabelle)
Haselnüsse	610

Natrium (Na) und Chlorid (Cl)

Natrium ist wichtig zur Regulation der Gewebsspannung, für die Erregbarkeit von Muskeln und Nerven im Organismus, ebenso für die Balance des Wasserhaushaltes in Blut und Gewebe. Obwohl Natrium vorwiegend im Blut ist, befinden sich fast 50 % des Körperbestandes an Natrium im Skelett. Chlorid sorgt ebenso wie Natrium für die Regulation der Gewebsspannung. Zusätzlich ist Chlorid von Bedeutung für die Regelung des Wasserhaushaltes wie auch die Salzsäurebildung im Magen.

Der tägliche Natrium-Bedarf beim ausgewachsenen Hund liegt bei 50 mg pro Kilogramm Körpergewicht.

Bei starken Blutverlusten steigt sowohl der Bedarf für Natrium als auch der für Chlorid. Chronisches Erbrechen erhöht den Chlorid-Bedarf, weil es mit Chlorid-Verlusten einhergeht, chronische Durchfälle hingegen erhöhen den Natrium-Bedarf. Auch Diabetes und die Einnahme von Diuretika über einen längeren Zeitraum führen zu Natrium- und Kalium-Verlusten ebenso wie chronische Nierenerkrankungen und damit zu einem erhöhten Natrium- und Kalium-Bedarf.

Anders als beim Menschen kommt es beim Hund, wenn er hohe Leistungen erbringen muss, nicht zu Elektrolytverlusten, da der Hund nur wenig Schweißdrüsen besitzt. Bei Zuchthündinnen und bei heranwachsenden Hunden ist der Bedarf an Kochsalz (= Natriumchlorid) fast doppelt so hoch.

Extreme und über längere Zeit bestehende Natriumunterversorgung trocknet nicht nur den Organismus aus und verringert das Blutvolumen, sondern führt zu verstärkter Unruhe, zu intensivem Lecken, zu Gewichtsabnahme und zu Kreislaufstörungen.

Da Fleisch und viele pflanzliche Futtermittel nur wenig Natrium enthalten, kann man gelegentlich das Futter ein wenig salzen, entweder mit Meersalz oder indem man beispielsweise das Gemüse mit einem kleinen Teil von einem Brühwürfel kurz kocht.

Bei Herzerkrankungen muss man auf niedrige Na-Gehalte achten!

Spurenelemente

Eisen (Fe)

Von der Gesamtmenge des Eisens im Organismus entfallen nahezu zwei Drittel auf das für den Sauerstofftransport zuständige Hämoglobin in den roten Blutkörperchen. Zudem ist Eisen ein Bestandteil des Muskeleiweißes Myoglobin. Gespeichert wird Eisen vor allem in der Leber, der Milz, in den Lymphknoten und im Knochenmark.

> Der tägliche Eisen-Bedarf eines ausgewachsenen Hundes liegt bei 1,4 mg pro Kilogramm Körpergewicht.

Zum Ende der Trächtigkeit einer Hündin steigt der Bedarf deutlich an und ist höher als bei einer säugenden Hündin.

Mangelzustände können bei Blutverlusten, blutigen Durchfällen, Ekto- und Endoparasitenbefall entstehen, ebenso bei Nierenfunktionsstörungen und Tumorerkrankungen. Bei Eisenmangel kommt es zur Anämie und einer Schwächung des Immunsystems.

Es gibt Thesen, die davon ausgehen, dass Eisen aus pflanzlichen Futtermitteln gleich gut ausgenutzt werden kann wie Eisen aus tierischen Futtermitteln. In der Humanmedizin geht man davon aus, dass Eisen tierischen Ursprungs besser verwertet wird als Eisen pflanzlichen Ursprungs. Während in der Tiermedizin von gleicher Verwertbarkeit ausgegangen wird, schließe ich mich eher der These der unterschiedlichen Verwertbarkeit an, weil das pflanzliche Eisen mit anderen Nahrungsbestandteilen (z. B. Phytinsäure in Vollkornprodukten, Oxalsäure in einigen Gemüsearten wie Spinat u. Ä.) komplexe Verbindungen eingeht und diese im Organismus erst gespalten werden müssen, bevor sie verwertet werden können. So kann Phytinsäure Kalzium, Eisen und Zink unlöslich binden. Oxalsäure ist in der Lage, Kalzium und Eisen zu binden und so deren Aufnahme im Darm zu behindern. Von Vitamin C ist bekannt, dass es die Verwertbarkeit von pflanzlichem Eisen erhöht.

Gehalt an Eisen in mg je 100 g:	Beispiele für eisenreiche Futtermittel:
bis 2,5 mg Eisen:	Spinat, Karotten, Porree, Schnittlauch, Feldsalat, Brokkoli, Zucchini, Brombeeren, Heidelbeeren, Himbeeren und Hühnerei.
2,5 - 5 mg Eisen:	Vollkornprodukte aus Roggen, Weizen, Hafer, Dinkel, Buchweizen, Gerste, Reis. Fenchel, Löwenzahnblätter, Brunnenkresse, Haselnüsse, Trockenobst, Wildfleisch, Pferdefleisch und Muskelfleisch allgemein.
mehr als 5 mg Eisen:	Vollkornprodukte aus Hirse und Amarant (hoher Phosphor-Gehalt), Soja, Keimlinge (hoher Phosphor-Gehalt), Petersilie, Sojabohnen, Innereien (hoher Puringehalt).

Kupfer (Cu)

Kupfer ist an der Bildung der roten Blutkörperchen beteiligt und spielt eine Rolle bei der Bildung von Bindegewebe und bei der Pigmentbildung. Kupfer wird größtenteils mit der Galle in den Darm ausgeschieden. Ein Überangebot an Kupfer wird in der Leber gespeichert. Hohe Mengen an Kalzium, Eisen und Zink können die Verwertung von Kupfer beeinträchtigen.

> Der Kupferbedarf eines ausgewachsenen Hundes liegt bei rund 0,1 mg pro Kilogramm Körpergewicht.

Bei trächtigen Hündinnen steigt der Bedarf nur minimal, bei säugenden Hündinnen steigt er deutlich an, ebenso bei wachsenden Welpen. Bei Welpen werden Kupfer-Mangelzustände infolge einseitiger Fütterung beschrieben bei ausschließlicher Fleischfütterung und überhöhten Kalzium- und Phosphor-Gaben. Eine Unterversorgung mit Kupfer führt zu Veränderung an Haut, Haaren, Knochen, Bändern, Sehnen und im Blut. Kupfer ist in allen gebräuchlichen Futtermitteln enthalten, besonders hohe Werte haben Leber und Fisch (beides purinreich). Vollkornprodukte aus beispielsweise Roggen sowie Leinsamen, Eigelb und Nüsse haben auch einen höheren Kupfer-Gehalt.

Zink (Zn)

Zink ist in erheblicher Konzentration im Organismus zu finden, vor allem im Skelett. Ebenfalls ist es in der Haut, in den Haaren, den Augen und in der Bauchspeicheldrüse vorhanden. Zink ist Bestandteil zahlreicher Enzymsysteme und spielt eine Rolle im Vitamin A-, im Kohlenhydrat-, und im Lipidstoffwechsel. Außerdem ist Zink essenziell für die Funktion verschiedener Hormone wie beispielsweise Insulin, den Schilddrüsenhormonen, Sexualhormonen und Wachstumshormonen. Auch im Stoffwechsel von Nukleinsäuren und im Eiweißstoffwechsel erfüllt Zink wichtige Aufgaben. Zink ist am Zellwachstum und an der Zelldifferenzierung beteiligt. Für eine intakte Immunabwehr wird ebenfalls Zink benötigt, und zwar für die zelluläre und die humorale Immunantwort sowie für die T-Zelldifferenzierung. Unter den Spurenelementen, die für eine intakte Haut verantwortlich sind, kommt Zink die größte Bedeutung zu. Die Verwertbarkeit von Zink wird durch hohe Kalziummengen und hohe Kupfermengen wie auch bei einer Unterfunktion der Pankreas (Bauchspeicheldrüse) beeinträchtigt.

Man unterscheidet zwischen einem primären Zinkmangel, wenn das Futter einen unzureichenden Zinkgehalt aufweist und einem sekundären Zinkmangel, wenn ausreichende Zinkmengen im Futter sind, die Resorption jedoch durch andere Stoffe gestört wird. Inhaltsstoffe, die in hoher Konzentration die Zinkresorption beeinträchtigen, sind Kalzium, Eisen und Kupfer wie auch phytinsäurehaltige Produkte wie beispielsweise Soja, Weizenkleie oder Vollkornprodukte. Cortisongaben beeinträchtigen die Zinkresorption ebenfalls in betrachtlichen Umfang. Daher sollte, wenn die Gabe von Cortisontabletten beispielsweise erforderlich ist, Zink immer in einem zeitlichen Abstand von mehreren Stunden gegeben werden. Zudem hängt die Verwertbarkeit von Zink in Tablettenform sehr davon ab, in welcher anorganischen oder organischen Verbindung Zink verarbeitet wird. Hier gibt es große Unterschiede hinsichtlich der erwunschten Wirkung von Zink.

Bei einem primären oder sekundären Zinkmangel kommt es zu Fruchtbarkeitsstörungen bei Rüde und Hündin wie auch zu Veränderungen an Haut und Haaren in Form von Haarverlust, rissiger Haut und zu einer Störung der Keratinbildung mit zu starker Keratinbildung wie auch zur Beeinträchtigung der Wundheilung. Ferner ist mit erhöhter Infektanfälligkeit zu rechnen.

Der Tagesbedarf an Zink beim ausgewachsenen Hund liegt bei 1 mg pro Kilogramm Körpergewicht.

Bei einer trächtigen Hündin steigt er leicht, stärker jedoch bei einer säugenden Hündin.

Zinkreiche Nahrungsmittel: Fische und sonstige Meerestiere (hoher Puringehalt), Fleisch, Knochen, Ei, Camembertkäse, Schmelzkäse, Emmentalerkäse, Haferflocken, Hirse, Bierhefe (hoher Phosphorgehalt), Nüsse. In Obst und Gemüse ist kaum Zink zu finden.

Besonders zinkhaltige Gewürze: Basilikum, Estragon, Kümmel, Majoran, Thymian, Rosmarin und Salbei.

Mangan (Mn)

Mangan ist im Organismus des Hundes mit extrem niedrigen Gehalt vorhanden. Für die Funktion zahlreicher Enzyme ist Mangan von Bedeutung. Zudem steigert es die Vitamin B1-Verwertung. Fast in allen Futtermitteln ist Mangan in ausreichender Menge vorhanden.

Kobalt (Co)

Kobalt ist essenziell wichtig für die Synthese von Vitamin B12. Kobalt ist in den meisten Futtermitteln pflanzlicher und tierischer Herkunft (außer in Milchprodukten und Milch) in ausreichender Menge enthalten.

Jod (J)

Jod ist wichtig für die Bildung von Schilddrüsenhormonen. Jod wird aus der Nahrung zu rund 80 % in die Schilddrüse aufgenommen und dort in die Hormone T3 (Trijodthyronin) und T4 (Thyroxin) eingebaut. T3 und T4 sind daran beteiligt, den Stoffwechsel von Eiweißen, Kohlenhydraten und Fetten sowie die Regulation der Körpertemperatur zu steuern. Der erwünschte Jodgehalt wird in vielen Futtermitteln nicht erreicht, insbesondere wenn einseitig Fleisch und Schlachtabfälle mit gereinigtem Getreide verfüttert werden. Der Jodgehalt entspricht längst nicht gleich der Jodaufnahme. Jodverbindungen sind leicht löslich und werden beispielweise beim Kochen schnell ins Kochwasser ausgeschwemmt, das meist weggeschüttet wird.

Jodunterversorgung führt dazu, dass zu wenig Thyroxin gebildet wird. Die Schilddrüse versucht, dies durch vermehrte Aktivität zu kompensieren, was ihr vergrößertes Wachstum bewirkt. Die Folgen sind genereller

Leistungsabfall, können aber auch zur Alopezie (Haarausfall), Fruchtbarkeitsstörungen sowie zu Wachstumsstörungen führen. Eine Jodüberversorgung ist aber ebenfalls zu vermeiden.

Der tägliche Jodbedarf beim ausgewachsenen Hund liegt bei circa 15 Mikrogramm (mcg) pro Kilogramm Körpergewicht.

Bei wachsenden Hunden und bei säugenden Hündinnen ist der Tagesbedarf höher. Jodmangel kann man durch Zufütterung von Seefisch (hoher Puringehalt), Algenmehl, jodiertem Speisesalz (gelegentlich) Milchprodukten (Hüttenkäse enthält beispielsweise jodiertes Speisesalz) oder einem entsprechenden Mineralfutter vorbeugen.

Beispiele für jodreiche Nahrungsmittel:	Gehalt an Jod in Mikrogramm (mcg) pro 100 g:
Schellfisch	243
Kabeljau	120
Ei	9,7
Roggenbrot	8,5
Weißbrot	5,8
Edamer Käser	5
Kartoffel	3,8
Apfel	1,6
u. a. auch Milchprodukte	

Selen (Se)

Selen ist ein Spurenelement, das der Organismus nur in geringen Mengen benötigt, welches aber dennoch wichtige Funktionen übernimmt. Selen schützt rote Blutkörperchen und Zellmembranen vor freien Radikalen (Peroxide) insbesondere in Verbindung mit Vitamin E. Im Zusammenspiel mit dem Vitamin E ist Selen am Prozess beteiligt, schädliche Sauerstoffradikale aus dem Stoffwechsel zu eliminieren. Es aktiviert dazu ein bestimmtes Enzym, die sogenannte Glutathionperoxidase. Zusätzlich fördert Selen die Aktivität bestimmter Immunzellen, die ihrerseits entartete oder fremde Zellen eliminieren helfen. Daher sagt man von wissenschaftlich seriöser Seite Selen eine Schutzwirkung gegen Krebs nach. In Abhängigkeit von der jeweiligen Bodenbeschaffenheit variiert der Gehalt an Selen in den Futtermitteln pflanzlicher als auch tierischer Herkunft. Überdosierungen sollten generell vermieden werden.

Der tägliche Selenbedarf des Hundes wird auf 5 mcg pro Kilogramm Körpergewicht geschätzt.

Beispiele für selenhaltige Nahrungsmittel:	Gehalt an Selen in Mikrogramm (mcg) pro 100 g:
Weizen aus Nordamerika	100
Weizen aus Europa	3
Mais	16
Naturreis	11
Hühnerei	20
Thunfisch	82

Vitamine

Vitamine sind lebensnotwendige Stoffe. Die Wirkung der meisten Vitamine ist die eines Katalysators: Sie beeinflussen Stoffwechselreaktionen, ohne sich selbst zu verändern. Vitamine müssen über das Futter zugeführt werden, da sie der Organismus entweder nicht oder nicht in ausreichender Menge synthetisieren kann. Eingeteilt werden die Vitamine entsprechend ihrem unterschiedlichen Löslichkeitsverhalten in fettlösliche und wasserlösliche.

Fettlösliche Vitamine: A, D, E, K

Wasserlösliche Vitamine: B1, B2, B6, B12, Pantothensäure, Nikotinsäure, Biotin, Folsäure.

Die fettlöslichen Vitamine werden dem Organismus mit Fetten zugeführt. Störungen in der Fettverdauung, wie sie beispielsweise bei einer Pankreasinsuffizienz vorkommen, beeinträchtigen somit auch deren Verwertbarkeit. In einem bestimmten Umfang werden sie in Leber, Nieren und teilweise auch im Depotfett gespeichert. Fettlösliche Vitamine sollten nicht überdosiert werden, um eventuelle Vergiftungen zu vermeiden. Die wasserlöslichen Vitamine (außer Vitamin B12) hingegen werden nur in geringem Umfang im Organismus gespeichert, daher ist eine stetige Zufuhr über die Nahrung erforderlich. Ein Teil der wasserlöslichen Vitamine wird durch die Darmflora synthetisiert und auch über die Darmwand aufgenommen, sodass es im Fall von Störungen im Verdauungskanal zu einer Unterversorgung mit Vitaminen kommt (chronische Darmentzündung, Störungen der Darmflora). Im Gegensatz zu den fettlöslichen Vitaminen besteht bei den wasserlöslichen Vitaminen keinerlei Risiko bei Überdosierungen, da ein Zuviel über die Nieren ausgeschieden wird. Um die Vitamine nicht zu zerstören, sollte immer mal wieder etwas Rohes auf dem Futterplan stehen oder beispielsweise Gemüse nur ganz kurz und bei geringer Hitze gekocht werden und auch der entstandene Gemüsesud mitgefüttert werden.

Fettlösliche Vitamine

Vitamin A (Retinol)

Vitamin A hat mehrere Funktionen. Es ist aufgrund seiner Wirkung ein Epithelschutzvitamin (d. h. es erhält und stabilisiert die zellulären Membranen, insbesondere die Epithelzellen) wie auch ein antiinfektiöses Vitamin, ferner beeinflusst es das Knochenwachstum und den Sehvorgang. Vitamin A hat eine große Bedeutung für Haare und die Haut, so zum Beispiel u. a. für die Differenzierung der Epidermis sowie der Erhaltung der Immunfunktion der Haut. Bei einem Mangel an Vitamin A trocknen die Schleimhäute aus, es kommt zu Verhornungen der Zellen, es kann zu Haarausfall und einer höheren Anfälligkeit für bakterielle Infektionen kommen. Eine stark überhöhte Vitamin A-Zufuhr sollte stets vermieden werden, da sie Gesundheitsstörungen wie Abbau von Knochensubstanz, Übererregbarkeit, u. Ä. verursacht. Vitamin A ist innerhalb der Nahrung ein ausschließlich tierisches Produkt (Leber, Lebertran, Butter, Eigelb, Milchprodukte). In Pflanzen befinden sich die Vorstufen in Form von Carotinoiden, wobei das ß-Carotin am besten zu Vitamin A umgewandelt werden kann. Viel Carotin, vor allem ß-Carotin, enthalten: Aprikosen, Karotten, Mais, Honigmelonen, Mangos, Kürbisse, Paprika, und auch intensiv grünes Gemüse wie Brokkoli, Spinat (purinreich!) und Salate, insbesondere Feldsalat. Um die Verwertbarkeit von Carotin im Fall von Rohfütterung sicherzustellen, sollte alles stark zerkleinert oder besser im Mixer püriert werden. Mit kurzer Hitzezufuhr, dem sogenannten Blanchieren, wird beim Gemüse ebenso die Verdaulichkeit erhöht. Wichtig ist dabei immer die Verbindung mit Öl bei der Verfütterung.

Der Hund kann das in Pflanzen vorkommende ß-Carotin in Vitamin A umwandeln. (Für 1 mg Vitamin A benötigt man 6 mg ß-Carotin oder 12 mg andere Carotinoide). Im Durchschnitt werden aus 1 mg ß-Carotin etwa 500 IE Vitamin gebildet.

Die Abkürzung IE bedeutet »Internationale Einheiten« (standardisierte Messgrößen für bestimmte Stoffe wie beispielsweise Vitamine).

Der Vitamin A-Bedarf des Hundes hängt von Alter, Leistung und von Belastungen in Form von Infektionen ab.

Ausgewachsene, gesunde Hunde sollten täglich circa 75 - 100 IE Vitamin A pro Kilogramm Körpergewicht erhalten.

Welpen, ältere oder kranke Hunde, ebenso hochträchtige wie auch säugende Hündinnen haben einen höheren Tagesbedarf. Vitamin A ist sehr sauerstoff- und lichtempfindlich. Daher zerkleinertes Gemüse nicht offen stehen lassen und nur zugedeckt kochen! Um die Vitamin-A-Versorgung bei frischem Futter sicherzustellen, ist häufig ein Ausgleich in Form von vitaminisierten Ergänzungsfuttermitteln mit Mineralstoffen notwendig.

In 100 g frischer Ware: Carotinoide in Mikrogramm (mcg)			
Brokkoli	871	Paprika, rot	1620
Chicoree	3430	Petersilie	5410
Feldsalat	3900	Spinat	4690
Fenchel	4700	Tomate	506
Grünkohl	5170	Aprikose	1610
Karotten	11100	Honigmelone	4730

Vitamin-D-Gruppe (Calciferole)

Vitamin D ist von größter Wichtigkeit für die Knochen, wobei dem Vitamin D3 (Cholecalciferol) und dem Vitamin D2 (Ergocalciferol) die größte Bedeutung zukommt. Vitamin D wirkt in Form von Vitamin D3 mit bei der Differenzierung der Knochenstammzellen, bei der Regelung des Kalziumhaushalts und beim Stoffwechsel der Minerale Kalzium und Phosphat, die wiederum beim Knochenaufbau eine Rolle spielen. Zudem ist Vitamin D3 an der Differenzierung und Reifung von Zellen des Immunsystems beteiligt. Beim Menschen wird Vitamin D bis zu 90 % vom Organismus selbst gebildet, wenn Sonnenlicht in Form von UV-Strahlen auf die Haut trifft.

Da Hunde ein Fell besitzen und, wenn überhaupt nur kleinste unbehaarte Bereiche haben, ist dies offensichtlich nicht gegeben. Das aus Pflanzen stammende Vitamin D2 besitzt beim Hund eine nahezu gleich gute Wirkung wie das Vitamin D3 aus tierischer Herkunft. Beim jungen Hund führt ein Mangel an Vitamin D wie auch ein Zuviel zu Störungen im Knochenwachstum.

Bei einer trächtigen ebenso wie bei einer säugenden Hündin steigt der

Ein ausgewachsener Hund hat täglich einen Bedarf von etwa 10 IE Vitamin D pro Kilogramm Körpergewicht.

tägliche Bedarf knapp um das Doppelte. Eine Überversorgung mit Vitamin D begünstigt nicht nur erhöhte Ca- und P-Gehalte im Blut, sondern kann nach langfristiger, sehr erhöhter Überversorgung auch zu Verkalkung von Gefäßen und Nieren führen. Vitamin D ist recht unempfindlich gegen Hitze und überlebt beispielsweise auch Kochen. Vitamin D-reiche Nahrungsmittel sind Fisch, Eigelb, Milch und Milchprodukte oder Leber, allen voran Fischlebertran.

Vitamin E (Tocopherole)

Vitamin E kann nur von Pflanzen synthetisiert werden. Tiere (und Menschen) nehmen es mit der Nahrung auf. Die Vitamin E-Gehalte in tierischen Produkten sind sehr viel niedriger als in pflanzlichen. Das wichtigste, weil wirksamste Vitamin E ist das Alpha-Tocopherol. Das Gamma-Tocopherol in Sojaprodukten verfügt nur über eine geringe Wirksamkeit. Vitamin E ist ein wichtiges Antioxidans, d. h. es sitzt auf der Zellmembran und schützt die Zelle durch Eigenoxidation vor freien Radikalen und Sauerstoffradikalen, die durch Stoffwechselvorgänge entstehen oder aus der Umwelt aufgenommen werden und Krankheiten, möglicherweise auch Krebs auslösen können. Diese Fähigkeit hat Vitamin E ebenso wie Vitamin A und Vitamin C. Speziell beim Fettstoffwechsel spielt Vitamin E eine Rolle. Depotfette, Membranfette und Fettproteine können durch sogenannte Lipidperoxidation abgebaut werden. Auch beim Proteinstoffwechsel wirkt Vitamin E mit, schützt weiterhin die Zellen, unterstützt das Immunsystem und verhindert das Verklumpen von Blutplättchen.

> Der Tagesbedarf an Vitamin E liegt beim ausgewachsenen Hund bei 1 mg pro Kilogramm Körpergewicht.

Zu beachten ist, dass der Bedarf an Vitamin E vom Fettgehalt des Futters abhängig ist, da Vitamin E die freien Radikale »fängt«, die durch ungesättigte Fettsäuren und vor allem auch durch ranziges Fett (Peroxide) entstehen, d. h. in diesem Fall steigt der Vitamin E-Bedarf. Getreide wie beispielsweise Mais, Haferflocken, u. Ä. sind gute Vitamin E-Quellen, ebenso Getreidekeimlinge. Alle Arten von Pflanzenölen enthalten große Mengen Vitamin E, allerdings kann die Aufnahme durch die ebenfalls ungesättigten Fettsäuren beeinträchtigt werden. Ein Vitamin E-Mangel führt zu Wachstums- und Bewegungsstörungen durch Veränderung der Skelett- und Herzmuskulatur. Deutliche Überdosierungen über einen längeren Zeitraum sollten vermieden werden.

Beispiele natürlicher Vitamin E-Quellen: Gehalt in mg je 100 g			
Weizenkeimöl	175	Distelöl	29 - 45
Sonnenblumenöl	60	Olivenöl	12 - 40
Leinsamen	57	Leinöl	6
Maiskeimöl	31 - 34		

In 100 g frischer Ware: Vitamin E in Mikrogramm (mcg)			
Brokkoli	621	Rosenkohl	560
Feldsalat	600	Spinat	1370
Grünkohl	1700	Tomate	930
Karotten	465	Aprikosen	500
Paprika, rot	2520	Johannisbeere, schwarz	1900
Petersilie	3700	Mango	1000

Vitamin K

Vitamin K kommt in zahlreichen verschiedenen Formen vor. Vitamin K1 (Phyllochinon, Phytomenadion) ist in Pflanzen enthalten und wird teilweise im Darmtrakt mit Hilfe von Bakterien zu Vitamin K2, auch Menachinon genannt, umgewandelt. Vitamin K3 (Menadion) ist eine synthetische Verbindung.

Vitamin K ist ein wesentlicher Faktor im Blutgerinnungssystem, das mit seinen Funktionen bei Verletzungen (Schnittverletzungen, offenen Wunden) sowie bei inneren Blutungen vor dem Verbluten schützt. Vitamin K ist essenziell für die Prothrombinsynthese, einem Protein, das im

Blut zirkulierendes lösliches Fibrinogen in seine unlösliche Proteinform Fibrin überführt, den Hauptbestandteil eines Blutgerinnsels. Vitamin K ist ebenso notwendig für die Synthese bestimmter Proteine. Ein Mangel verzögert die Blutgerinnung, so dass es in schwerwiegenden Fällen auch zu Blutungen kommen kann. Der Hund ist nicht ausschließlich auf eine Zufuhr an Vitamin K durch seine Fütterung angewiesen, da die Darmflora größere Mengen synthetisieren kann. Daher ist ein nahrungsbedingter Vitamin-K-Mangel nicht gegeben. Wenn es zu Mangelzuständen kommt, dann nach längerer Antibiotikatherapie mit Zerstörung der Darmflora und im Zusammenhang mit einer Beeinträchtigung der Nahrungsaufnahme. Fettresorptionsstörungen oder Lebererkrankungen bedingen ein erhöhtes Risiko für einen Vitamin-K-Mangel. Bei längerer Antibiotikatherapie oder Erkrankungen, die ein erhöhtes Risiko für Vitamin-K-Mangel darstellen, sollte man dies mit einem Präparat aus dem Humanbereich sinnvoll ausgleichen bzw. diesem Problem vorbeugen, so wie ich es in meiner Ernährungsberatung tue.

Die beste Nahrungsquelle für Vitamin K sind grüne Blattgemüse wie Spinat (purinreich), Brokkoli, Kohl (Fehlgärungen möglich), Brunnenkresse und grüne Salate. Andere sehr gute Quellen sind Leber (sehr purinreich) und Sojaprodukte. Wichtige Lieferanten sind aber auch Eigelb, Haferflocken, Vollweizen, Kartoffeln, Tomaten, Spargel, Butter und Käse. Geringere Werte werden in Rindfleisch gefunden, in Milch, Karotten, Mais, den meisten Früchten und vielen anderen Gemüsesorten.

Selbst wenn größere Mengen Vitamin K1 oder K2 über einen längeren Zeitraum aufgenommen wurden, konnten keine toxischen Veränderungen festgestellt werden. Die gilt jedoch nicht für Vitamin K3 (Menadion), unter dem es zu schwerwiegenden Schädigungen wie beispielsweise u. a. der hämolytischen Anämie (Zerstörung der roten Blutkörperchen) kommen kann.

Vitamin K3 ist in der Lebensmittelindustrie aufgrund seiner bekanntermaßen zahlreichen Schadwirkungen verboten! In der Tiernahrung ist es erlaubt ohne Deklarationspflicht und ohne Mengenbeschreibung. Daher empfehlen wir eine schriftliche Nachfrage bei der jeweiligen Futtermittelfirma.

Wasserlösliche Vitamine

Vitamin B1 (Thiamin, Aneurin)

Vitamin B1 spielt im Kohlenhydrat- und Fettstoffwechsel als Koenzym eine wichtige Rolle und trägt dazu bei, dass der Organismus Energie aus der Nahrung gewinnen kann. Weiterhin übernimmt es die Funktion des Antagonisten von Acetylcholin im Nervensystem. Beriberi nannte man klassische Vitamin-B1-Mangelkrankheit. Bei Fehlen von Vitamin B1 bleibt z. B. die Brenztraubensäure im Stoffwechsel zurück und verursacht schwere Krankheitserscheinungen besonders am Nervensystem. Eine Unterversorgung mit Vitamin B1 kann zu Krämpfen, Muskelschwäche, nervösen Störungen und zu Kreislaufproblemen und im Endstadium bis zur Gehirnerweichung führen. Der Bedarf ist sowohl von der Zusammensetzung des Futters als auch von der Stoffwechselaktivität abhängig. Mit steigendem Kohlenhydratanteil im Futter nimmt der Bedarf an Vitamin B1 zu, ebenso bei starker körperlicher Leistung, bei wachsenden Hunden und bei säugenden Hündinnen.

Der tägliche Bedarf an Vitamin B1 beim ausgewachsenen Hund liegt bei 20 mcg pro Kilogramm Körpergewicht.

Da Vitamin B1 hitzeempfindlich ist, entstehen dementsprechend Verluste beim Kochen. Zu einer Mangelsituation kann es auch durch einseitige Verwendung Vitamin-B1-armer Futtermittel kommen (polierter Reis, Weißmehle, fettreiche Futtermittel u. Ä.) sowie nach einer länger andauernden Therapie mit Antibiotika.

Die wichtigsten Lieferanten für Vitamin B1 sind Getreide, Haferflocken und Reis, sofern diese nicht zu stark ausgemahlen sind. Gute Lieferanten sind Schweinefleisch (Achtung, nur gekocht!), Herz, Leber und Thunfisch (alle drei hoher Puringehalt), Eidotter weniger. Auch in Kartoffeln, Hülsenfrüchten und verschiedenen Hefeprodukten sind Anteile des Vitamins enthalten. Wenn das Vitamin aus Pflanzen aufgenommen wird, kann es direkt vom Organismus verwertet werden, aus tierischen Quellen muss es erst durch Enzyme aufgespalten werden.

Vitamin B2 (Riboflavin, Lactoflavin)

Vitamin B2 kommt in der Natur als gelblicher Pflanzenfarbstoff vor und kann nur von Pflanzen und Mikroorganismen gebildet werden. Menschen und Tiere können Vitamin B2 über den Dünndarm aufnehmen in FAD (Flavinmononukleotid) und FMN (Flavinadenindinukleotid) umwandeln und verarbeiten. Vitamin B2 ist Baustein der Koenzyme FAD und FMN, die als Bestandteile von Dehydrogenasen und Oxidasen eine zentrale Rolle im Stoffwechsel spielen. Somit unterstützt Vitamin B2 die Umwandlung von Proteinen, Fetten und Kohlenhydraten in Energie. Außerdem wirkt Vitamin B2 unterstützend auf die Aufgaben der Vitamine B6 und Niacin.

Ausgewachsene Hunde haben einen täglichen Bedarf von 90 mcg an Vitamin B2 pro Kilogramm Körpergewicht.

Der Bedarf steigt mit intensiver körperlicher Belastung. Für säugende Hündinnen liegt der tägliche Bedarf deutlich höher. Ein Mangel an Vitamin B2 kann zu Wachstumsstörungen, Entzündungen der Schleimhäute, Sehstörungen und neurologischen Störungen führen. Gute Vitamin B2-Lieferanten sind Milch und Milchprodukte, Fleisch, Vormägen (Pansen, Blättermagen) sowie Leber, Fisch (beides hoher Puringehalt). Erbsen, Brokkoli, gelber Paprika sowie Getreide und Getreideprodukte gehören ebenso zu den natürlichen Quellen. Vitamin B2 ist weitgehend hitzestabil, aber sehr lichtempfindlich. Milch und Milchprodukte sollten deshalb nicht in Flaschen aus hellem Glas aufbewahrt werden, da sonst das Vitamin (Lactoflavin) relativ schnell zerstört wird.

Vitamin B6

Vitamin B6 ist ein Derivat des Pyridins. Vitamin B6 kommt als Pyridoxin, Pyridoxamin und Pyridoxal vor. Pyridoxin wird auch als Sammelbegriff verwendet. Vitamin B6 ist ein notwendiger Faktor im Eiweißstoffwechsel. Mangelerscheinungen sind selten, da Vitamin B6 in fast allen Nahrungsquellen vorkommt.

Für ausgewachsene Hunde liegt der Tagesbedarf an Vitamin B6 bei 25 mcg pro Kilogramm Körpergewicht.

Bei heranwachsenden Hunden ist der tägliche Bedarf vier Mal so hoch. Eiweißreiche Fütterung wie auch ein Mangel an essenziellen Fettsäuren erhöhen den Vitamin-B6-Bedarf. Gute Vitamin-B6-Quellen sind Muskelfleisch, Milchprodukte, Brokkoli, Mais, Spinat (hoher Puringehalt), Kartoffeln, Bananen (hoher Puringehalt), Eigelb, Vollkornprodukte, Hefen (hoher Puringehalt, hoher Phosphorgehalt).

Vitamin B12 (Cobalamin)

Tierische Organismen und Mikroorganismen können Vitamin B12 herstellen. Da Vitamin B12 von Bakterien gebildet wird, kommt es nur in tierischen Produkten wie beispielsweise Fleisch, Innereien (Leber, Herz – purinreich), Vormägen (ungeputzter Pansen und Blättermagen), Fisch, Milch, Milchprodukte und Eiern vor. Eine Ausnahme ist mikrobiell hergestelltes Sauerkraut, darin ist es auch enthalten. Bei vegetarischer Ernährung ist somit immer eine Ergänzung notwendig, da es sonst zu einer Anämie (Blutarmut) kommt. Das Vitamin wird zwar nur in geringen Mengen vom Organismus benötigt, erfüllt aber dennoch wichtige Funktionen. Es ist notwendig für die Produktion von roten Blutkörperchen, die Funktion der Nervenzellen und für den Eiweißstoffwechsel. Außerdem unterstützt es Zellwachstum und Zellteilung. Vitamin B12 kann in der Leber gespeichert werden, sodass sich ein Mangel erst nach langer Zeit bemerkbar macht. Die Aufnahme von Vitamin B12 erfolgt im Dünndarm. Dafür ist ein spezielles Eiweiß notwendig, der sogenannte Intrinsic-Faktor. Vom Darm aus wird Vitamin B12 ins Blut transportiert. Chronische Erkrankungen des Magens, der Pankreas, des Darms sowie der Leber und der Niere stören die Aufnahme von Vitamin B12. Bei ungestörter Darmfunktion ist mit einer erheblichen Vitamin-B12-Synthese und Vitamin-B12-Nutzung zu rechnen.

Für ausgewachsene Hunde liegt der empfohlene Tagesbedarf an Vitamin B12 bei ca. 0,6 mcg pro Kilogramm Körpergewicht, für wachsende Hunde vier Mal so hoch.

Gehalt an Vitamin B12 in Mikrogramm (mcg) je 100 g:

Eigelb	2,00	Kaninchen	8,00
Pansen, grün	4,00	Rinderleber	100,00
Blättermagen	4,00	Rinderherz	7,80
Kopffleisch	2,30		

Pantothensäure

Die Pantothensäure gehört zu den B-Vitaminen und hat ihren Namen vom griechischen Begriff »pantothen«, was »überall« bedeutet. Wie bereits der Name sagt, ist die Pantothensäure in fast allen Nahrungsmitteln enthalten, weshalb selten ein Mangel entsteht. Nahrungsmittel enthalten das Vitamin meist in gebundener Form als Bestandteil des Coenzyms A. Der Organismus muss Pantothensäure deshalb erst zugänglich machen.

Für ausgewachsene Hunde liegt der empfohlene Tagesbedarf an Pantothensäure bei 250 mcg pro Kilogramm Körpergewicht, für wachsende Hunde deutlich höher.

Pantothensäure wird nicht im Organismus gespeichert, sondern nur über Blut und Lymphe im gesamten Organismus verteilt. Pantothensäure ist, wie die anderen Vitamine der B-Gruppe, hauptsächlich an enzymatischen Reaktionen in Stoffwechselvorgängen beteiligt, speziell im Zellstoffwechsel, wo sie der Energiegewinnung dient. Pantothensäure trägt zum Aufbau von verschiedenen Neurotransmittern, Kohlenhydraten, Fettsäuren, Cholesterin, Hämoglobin und den Vitaminen A und D bei. Pantothensäure ist sowohl in pflanzlichen als auch in tierischen Produkten vorhanden, besonders in Innereien, Kalb-, Rind-, Truthahnfleisch, Eiern, Reis, Vollkornprodukten, Kartoffeln, Nüssen, Obst wie Apfelsinen und Melonen, Gemüse wie Brokkoli, Milchprodukten und Bierhefe. Einen sehr hohen Gehalt weist auch Gelée Royal auf.

Nikotinsäure (Niacin)

Nikotinsäure ist ein wichtiges Vitamin, welches für zahlreiche Reaktionen mit Oxidationsvorgängen und Reduktionsvorgängen (Wasserstoffübertragungen) verantwortlich ist. Nikotinsäure ist wichtig für den Abbau von Kohlenhydraten, Fetten und Eiweißbausteinen ebenso für den Aufbau von Cholesterin, zur Energiegewinnung des Organismus und zur Sauerstoffaufnahme der roten Blutkörperchen. Da der Organismus selbst aus dem Eiweißbaustein Tryptophan Nikotinsäure bilden kann, gibt es auch nur sehr selten Mangelerscheinungen. Ein Gramm L-Tryptophan liefert etwa 7,6 mg Nikotinsäure.

> Der Tagesbedarf an Nikotinsäure liegt für den ausgewachsenen Hund bei 250 mcg pro Kilogramm Körpergewicht, beim Heranwachsenden deutlich höher.

Nur bei einseitiger und hauptsächlicher Verwendung von Mais ist wegen der geringen Verfügbarkeit von Nikotinsäure und des geringen Tryptophangehaltes ein Nikotinsäuremangel möglich. Nikotinsäuremangel ist durch die Symptome ähnlich der Pellagra beim Menschen gekennzeichnet, wie beispielsweise Juckreiz, Rötungen der Haut, Entzündungen der

Schleimhäute und des Verdauungstraktes u. Ä. Natürliche Lieferanten von Nikotinsäure sind: Geflügel, Wild, Fisch, Milchprodukte und Eier. Auch Vollkornprodukte, Bierhefe, verschiedene Gemüse und Obst (getrocknete Aprikosen) enthalten Nikotinsäure, wobei sie grundsätzlich aus tierischen Produkten besser verwertet wird als aus pflanzlichen.

Biotin

Biotin (früher auch als Vitamin H bezeichnet) gehört zu den Vitaminen der B-Gruppe. Es wird von einer mikrobiellen Biosynthese des Biotins ausgegangen, da die Biotinausscheidung über Harn und Stuhl die Aufnahme über die Nahrung teilweise übersteigt. Biotin spielt eine Schlüsselrolle im Stoffwechsel von Kohlenhydraten, Fetten und Eiweißen. Biotin baut Fettsäuren auf und ab, es wirkt u. a. im Cholesterinstoffwechsel mit. Weiterhin ist Biotin der Starter für den geregelten Ablauf des Eiweißstoffwechsels und baut hier die Aminosäure Leucin auf. Zudem ist Biotin im Eiweißstoffwechsel auch von Bedeutung, für die Synthese von Keratin, der Grundsubstanz von Hautepithelien, Haaren und Krallen. Im Kohlenhydratstoffwechsel fördert Biotin die Neubildung von Zuckerstoffen aus Eiweißen und Fetten. Durch einen Mangel an Biotin (kommt selten vor) kann es zu Veränderungen der Haut und des Fells in Form von haarlosen Stellen, in schweren Fällen in Form von Krustenbildung an verschiedenen Stellen des Körpers kommen. Ein Biotinmangel ist möglich bei geschädigter Darmflora, beispielsweise nach einer längeren oralen Antibiotikatherapie oder nach Fütterungen größerer Mengen rohen Eiern, da Eiklar Avidin enthält, welches das Biotin bindet und seine Aufnahme im Darm blockiert. Durch Kochen kann Avidin inaktiviert werden.

Der Tagesbedarf an Biotin für ausgewachsene Hunde liegt bei 2 mcg pro Kilogramm Körpergewicht, für wachsende Hunde und säugende Hündinnen bei 4 mcg pro Kilogramm Körpergewicht.

Besonders reich an Biotin ist Leber (96 mcg je 100 g), rohes Eigelb (60,0 mcg) und Molkenpulver (zw. 35,0 mcg und 43,0 mcg). Biotin ist in geringeren Mengen enthalten in Muskelfleisch, Milch, Käse, Blattgemüse wie Spinat, Erbsen, Brot, Reiskleie und Erdbeeren.

Folsäure

Folsäure ist ein hitze- und lichtempfindliches Vitamin. Folsäure ist ein Sammelbegriff für verschiedene Vitamine der B-Gruppe, die in der Darmflora hergestellt werden. In tierischen Produkten liegen diese als Monoglutamate vor, in pflanzlichen Produkten als Polyglutamate. Polyglutamate können vom Organismus weniger gut verwertet werden. Folsäure wird hauptsächlich in der Leber gespeichert. Folsäure wirkt bei der Bildung von Blutkörperchen und Schleimhautzellen mit. Außerdem ist Folsäure wichtig bei der Herstellung der Erbsubstanz und damit für das Wachstum und die Vermehrung von Zellen. Da Folsäure hauptsächlich für die Bildung von Schleimhäuten und Blutkörperchen verantwortlich ist, zeigen sich auch hier im Falle eines Folsäuremangels die ersten Symptome in Form von Schäden an der Schleimhaut, einer langsameren Wundheilung und einer Auswirkung auf das Blutbild. Folsäuremangel kann auch zu einer Anämie führen, d. h. zu einem Mangel an roten Blutkörperchen oder rotem Blutfarbstoff (Hämoglobin).

Beim ausgewachsenen Hund mit intakter Darmfunktion liegt der Folsäurebedarf pro Tag bei 4,5 mcg pro Kilogramm Körpergewicht. Bei tragenden Hündinnen und bei heranwachsenden Hunden liegt der Tagesbedarf zwischen 12 und 15 mcg pro Kilogramm Körpergewicht.

Ein Mangel an Folsäure kann durch Aufnahmestörungen aus dem Darm entstehen, das entspricht in der Humanmedizin dem Krankheitsbild der Zöliakie (Glutenallergie beim Kind) bzw. Sprue (Glutenallergie beim Erwachsenen) bzw. Glutenallergie. Bei einer Glutenallergie reagiert der Organismus überempfindlich auf Klebereiweiß (Gluten). Gluten ist ein Bestandteil von Getreide und kommt vor allem in Weizen, Gerste, Roggen und Hafer vor. Aufgrund dieser Unverträglichkeit wird die Schleimhaut des Dünndarms angegriffen und in ihrer Funktion eingeschränkt. Folsäure ist enthalten in Leber, Vollkornprodukten, grünem Blattgemüse wie Spinat, Brokkoli, Rosenkohl, Karotten, Spargel, Tomaten, Kartoffeln, Eigelb, Nüssen und Weizenkeimen. Geringe Mengen finden sich auch in Obst, Fisch und Fleisch.

Da wir grundsätzlich bei unseren Dalmatinern stets eine Fütterung mit einem hohen Puringehalt vermeiden, geben wir unseren Hunden regelmäßig und individuell auf den einzelnen Hund abgestimmt bevorzugt ein sehr hochwertiges Vitamin-Mineral-Spurenelemente-Präparat aus dem Humanbereich in Dragéeform. Dies ist ein apothekenpflichtiges Produkt mit optimaler Zusammensetzung und hoher Qualität hinsichtlich der verarbeiteten Vitamine, Mineralstoffe und Spurenelemente. Es ist ohne Beimengungen von irgendwelchen fragwürdigen Proteinen, die in den Veterinär-Produkten als wenig sinnvoller Zusatz meistens enthalten sind und damit günstig für Allergiker, Nierenerkrankungen etc. Zusätzlich geben wir ein ausgewogenes Vitamin B-Kombinationspräparat mit acht wasserlöslichen Vitaminen wie B1, B2, B6, B12, Folsäure, Niacin, Biotin und Pantothensäure.

Ascorbinsäure (Vitamin C)

Vitamin C ist ein für den gesamten Zellstoffwechsel notwendiger Wasserstoffüberträger. Es aktiviert ferner zahlreiche Fermente und stärkt die natürliche Abwehr gegen Infektionen. Es verbessert die Aufnahmefähigkeit für Eisen und regt die Knochenmarksfunktionen an. Außerdem ist es notwendig für zahlreiche Funktionen des Bindegewebes. Es ist von ähnlich universeller Bedeutung wie das Vitamin B1 und hat wie dieses grundlegende Aufgaben im Zellstoffwechsel zu erfüllen.

Generell ist eine zusätzliche Gabe von Ascorbinsäure zum Futter nicht erforderlich, da der Hund im Gegensatz zum Menschen in der Lage ist, sie in ausreichender Menge in Leber und Nieren zu synthetisieren.

Eine zusätzliche Gabe von Vitamin C ist angebracht in der Hauptwachstumsphase, in der ein stark erhöhter Bedarf für die Kollagenbildung des Skeletts vorliegt. Ebenso sinnvoll ist die zusätzliche Gabe nach größeren Operationen, schweren Brandwunden zur Stimulierung der Bindegewebebildung, Lebererkrankungen sowie bei Infektionen zur Stärkung des Immunsystems.

Einen hohen Gehalt an Vitamin C weisen auf: Obst, Gemüse und Salate, besonders Zitrusfrüchte, Paprika, schwarze Johannisbeere, Petersilie, Spinat, Rosenkohl, Kartoffeln, Milch und Leber.

Gehalt an Vitamin C in mg pro 100 g frischer Ware:

Blumenkohl	73	Rosenkohl	112
Brokkoli	115	Apfelsine	50
Grünkohl	105	Erdbeere	64
Fenchel	93	Johannisbeere, schwarz	177
Paprika, rot	138	Kiwi	71
Petersilie	166		

Sekundäre Pflanzenstoffe

Zu den sekundären Pflanzenstoffen rechnet man mehrere Tausend Substanzen, die in Obst, Gemüse, Kartoffeln, Hülsenfrüchten, Vollkornprodukten und in fermentierten Nahrungsmitteln (z. B. Sauerkraut) enthalten sind. Hierbei handelt es sich um Stoffe, die die Pflanze u. a. als Abwehrstoffe gegen Schädlinge, als Wachstumsregulatoren sowie als Farbstoffe dienen. Da sie in den Pflanzen nur in sehr geringen Mengen vorkommen und im Gegensatz zu den Kohlenhydraten, Eiweißen und Fetten keinen eigenen Nährwert haben, schenkte man ihnen lange Zeit kaum Beachtung. Mittlerweile weiß man, dass sie wichtige Schutzfunktionen ausüben. Die gesundheitsfördernde Wirkung der sekundären Pflanzenstoffe ist der von Vitaminen, Mineralien und Spurenelementen ähnlich. Eine krebsvorbeugende oder sogar hemmende Wirkung auf Tumoren ist bei vielen dieser Substanzen zunächst nur im Tierversuch gezeigt worden. Allerdings werden die sekundären Pflanzenstoffe erst seit rund zehn Jahren wissenschaftlich untersucht. Einige Untersuchungen bei Menschen stützen die Vermutung, dass die sekundären Pflanzenstoffe eine Vielzahl positiver Wirkungen haben; die wichtigsten sind: antikanzerogen (Senkung des Krebsrisikos), antimikrobiell (Schutz vor Pilz-, Bakterien- und Vireninfektion), antioxidativ (Schutz vor freien Radikalen und oxidativen Schäden), immunmodulierend (Stärkung des Immunsystems).

Die meisten der sekundären Pflanzenstoffe lassen sich in folgende Gruppen unterteilen: Carotinoide, Glucosinolate, Polyphenole und Flavonoide, Protease-Inhibitoren, Saponine, Sulfide und Terpene.

Carotinoide

Zurzeit sind über siebenhundert Carotinoide bekannt; von ihnen können etwa fünfzig in Vitamin A (Retinol) umgewandelt werden. Carotinoide sind an der Energiegewinnung (Photosynthese) der Pflanzen beteiligt und schützen den Pflanzenfarbstoff Chlorophyll vor der Schädigung durch aggressive Umweltsubstanzen (oxidativer Abbau). Verschiedene Studien haben ergeben, dass Menschen mit einem hohen Konsum carotinoidreicher Obst- und Gemüsesorten ein verringertes Risiko für verschiedene Tumorarten aufweisen. Zu der antikanzerogenen Wirkung der Carotinoide kommt auch eine antioxidative und immunmodulierende. Carotinoidreiche Obst und Gemüsesorten sind Grünkohl, Spinat, Karotten, Tomaten, Brokkoli, Paprika, Aprikosen, Nektarinen, rote Grapefruit und Pfirsiche. Aufgrund ihrer chemischen Struktur lassen sich Carotine und Xantophylle unterscheiden. Carotine wie alpha-, beta-Carotin oder Lycopin finden sich hauptsächlich in orange-gelb-rotem Gemüse und Obst, Xanthophylle hauptsächlich in grünblättrigem Gemüse. Carotine besitzen eine hohe Hitzestabilität. Die Verwertbarkeit der Carotine wird von der Deutschen Gesellschaft für Ernährung beim schonenden Erhitzen als hoch eingestuft, im rohen Zustand hingegen als sehr gering. Xantophylle dagegen werden zu einem großen Teil durch Erhitzen zerstört. Somit ist für eine ausreichende Aufnahme von Carotinen nicht nur die vorherige mechanische Zerkleinerung sowie die Anwesenheit von Fett in der Nahrung von Bedeutung, sondern insbesondere ein schonendes Erhitzen oder Dampfgaren. Aus verarbeiteten Nahrungsmitteln können wesentlich mehr Carotine verwertet werden als aus rohen Lebensmitteln, so dass der Lycopingehalt beispielsweise in einer Tomatensoße um Vielfaches höher ist als in frischen Tomaten, gleiches gilt für gedünstete Karotten im Vergleich zu rohen Karotten in Bezug auf den beta-Carotingehalt. Das wichtigste Carotin ist das beta-Carotin.

Glucosinolate

Glucosinolate wirken antikanzerogen, antioxidativ und antibakteriell. Sie kommen vor in Radieschen, Knoblauch, Kresse, Rosenkohl, Blumenkohl, Grünkohl, Weißkohl, Brokkoli und Kohlrabi. Da beim Kochen ein Teil der Glucosinolate in die Kochflüssigkeit auslaugt, sollte die Kochflüssigkeit weiter verwertet werden.

Polyphenole

Man unterscheidet zwei Untergruppen: die Phenolsäuren und die Flavonoide. Zu den Phenolsäuren zählen Hydroxyzimtsäuren und Hydroxybenzoensäuren. Zu den Flavonoiden gehören Flavonole, Flavanole, Flavanone, Flavone, Anthocyane und Isoflavonoide. Wegen ihrer vielfältigen Wirkungen stellen sie einen der wichtigsten sekundären Pflanzenstoffe dar. Sie kommen in fast allen Pflanzen vor, und zwar vor allem in den Randschichten von Obst, Gemüse und Getreide. Die Empfehlung, beispielsweise Äpfel nicht zu schälen oder Tomaten nicht zu häuten, hat durchaus ihre Berechtigung. Freilandpflanzen weisen durchschnittlich einen höheren Gehalt auf als Pflanzen aus dem Gewächshaus. Der Name Flavonoide leitet sich aus dem lateinischen Wort flavus = gelb ab und berücksichtigt damit die Tatsache, dass die meisten dieser Substanzen in ihrer reinen Form eine gelbliche Farbe aufweisen. Inzwischen wurde erkannt, dass die Zufuhr von flavonoidreichen Nahrungsmitteln einen krankheitsvorbeugenden Effekt besitzt. Flavonoide verfügen über ein beträchtliches antioxidatives Potenzial und sind in der Lage, sehr reaktive Verbindungen, wie sie u. a. durch UV-Strahlung entstehen können, abzufangen und in verträglichere Verbindungen überzuführen. Sie wirken synergistisch mit den antioxidativ wirkenden Vitaminen A, C und E. Weiterhin erweisen sich einzelne Verbindungen im Labor auch als wachstumshemmend auf Bakterien und Viren, entzündungshemmend, immunmodulatorisch, antihepatotoxisch und antikanzerogen. Flavonoide kommen vor in Äpfeln, Aprikosen, Pfirsichen, Paprika, Sellerie, Schnittlauch, Petersilie, Endivien, Kohlrabi, Grünkohl, Weißkohl, grünen Bohnen, Paprika, Tomaten, Kartoffeln und Weizen. Anthocyane (griech. anthos = Blüte, kyanos = blau) stellen die größte Gruppe an wasserlöslichen Farbpigmenten mit dem Farbspektrum rot-blau-schwarz im Pflanzenreich dar. Man findet Anthocyane vor allem in rot-schwarzen Beeren, aber auch in vielen anderen Obst- und Gemüsesorten. Sie dienen dem Schutz der Zelle vor chronischen Entzündungen, vor Entartung und vor Zellalterung. Die Aronia bzw. Apfelbeere ist die Frucht mit dem höchsten Anthocyan-Gehalt. Gemüse wie Rote Bete, Auberginen, Rotkohl, Radieschen, Salate wie Radicchio, Obst wie Heidelbeeren, Himbeeren, Johannisbeeren, Brombeeren, Erdbeeren oder Blutorangen haben ihre auffällige Farbe durch Anthocyane.

Protease-Inhibitoren

Diese Stoffe hemmen den Abbau von Enzymen, die an der Verdauung beteiligt sind. Ihre positive Wirkung ist noch nicht lange bekannt. Sie wirken antioxidativ und antikanzerogen. Die Protease-Inhibitoren sind in Erbsen, Sojabohnen, Kartoffeln, Weizen, Hafer, Mais und Reis enthalten.

Saponine

Saponine sind leicht bitter schmeckende Substanzen, die besonders häufig in Hülsenfrüchten zu finden sind. Die Wirkung der Saponine ist hauptsächlich auf den Magen-Darm-Trakt beschränkt. Sie wirken antikanzerogen, antimikrobiell und cholesterinsenkend, indem sie die Aufnahme von Cholesterin und Gallensäuren aus dem Darm hemmen und somit der Cholesterinspiegel im Blut gesenkt wird. Reichlich Saponine findet man in Sojabohnen, Erbsen, Bohnen, Hafer, Weizen, Gerste, Spinat, Spargel, Knoblauch, Zwiebeln (für Hunde ungeeignet), Rosmarin, Salbei und Holunderblüten. Auch hier sollte man das Kochwasser weiter verwenden.

Sulfide

Sulfide sind schwefelhaltige Verbindungen, die vor allem in Zwiebelgewächsen vorkommen. Sie bedingen auch teilweise den scharfen Geruch und Geschmack von Zwiebeln und Knoblauch. Ein wichtiger Vertreter dieser Stoffgruppe ist das Alliin in Knoblauch. Sulfide wirken antikanzerogen, antimikrobiell, antioxidativ, immunmodulatorisch und entzündungshemmend. Sulfide kommen vor in Zwiebeln (ungeeignet für Hunde), Knoblauch, Lauch, Schnittlauch, Grünkohl und Brokkoli.

Terpene

Terpene sind Aromastoffe wie u. a. Menthol in Pfefferminz oder Carvon in Kümmel. Sie verfliegen schnell beim Erhitzen. Man sagt ihnen eine antikanzerogene Wirkung nach. Sie kommen in Pfefferminze, Kümmel und in Zitrusfrüchten, Aprikosen und Weintrauben vor. (Achtung, letztere nicht füttern – Gefahr von Nierenschäden!)

Die Ernährung eines ausgewachsenen, gesunden Hundes mittlerer Größe (ca. 25 bis 30 kg)

Mit Umrechnungsanleitung für andere Gewichtsklassen

Die eigene Zusammenstellung von Hundenahrung ist nicht ganz einfach. Sie setzt gute Kenntnisse hinsichtlich des Bedarfs an Rohnährstoffen, Spurenelementen, Mineralstoffen, Vitaminen und essenziellen Fettsäuren ebenso wie solides Grundwissen über die Akzeptanz und Verdaulichkeit verschiedener Nährstoffe voraus. Die nachfolgenden Rezepte haben wir nach den auf den vorigen Seiten genannten Erkenntnissen aus den Ernährungswissenschaften zusammengestellt. Wir haben sie teilweise in leicht abgewandelter Form (weniger Protein) je nach Rasse über viele Jahre an unseren eigenen Hunden ausprobiert. Wir möchten Ihnen damit Lust machen auf eine frisch zubereitete, gesunde Hundeernährung und Ihnen die komplizierte Berechnung von Zutatenmengen zumindest teilweise ersparen.

Eine ausgewogene, gesunde Ernährung setzt sich immer, wie bereits im Kapitel »Allgemeine Richtlinien einer gesunden Ernährung« erwähnt, aus Makronährstoffen (Eiweiße, Kohlenhydrate, Fette) und Mikronährstoffen (Spurenelemente, Mineralstoffe, Vitamine) zusammen. Bei normaler Belastung eines gesunden, ausgewachsenen Hundes soll das Futter stets aus mindestens 22 % Eiweiß, mindestens 5 % Fett und circa 50 % Kohlenhydraten bzw. zur Vereinfachung aus einem Teil Eiweiß und zwei Teilen Kohlenhydrate (das Fett nicht vergessen) bestehen. Bei den kohlenhydratreichen Futtermitteln ist es immer empfehlenswert, Gemüse und wenn möglich frische Kräuter wegen der wichtigen Versorgung mit sogenannten Mikronährstoffen mit einzuplanen. Der Bedarf an Energie ist stets eine sehr variable Größe, die von der jeweiligen Bewegung abhängig ist, ebenso von der Frage des individuellen Temperaments, da ein lebhaftes Temperament grundsätzlich den Energiebedarf steigert.

Bei normaler Belastung eines gesunden, ausgewachsenen Hundes soll das Futter stets aus etwa einem Teil Eiweiß und zwei Teilen Kohlenhydraten bestehen.

Ebenso wie bei uns Menschen gibt es auch bei den Hunden die sogenannten guten Futterverwerter, bei denen man stets die Futtermenge gut kontrollieren und streng rationieren muss. Andere können beneidenswerte Mengen zu sich nehmen und halten problemlos ihr Gewicht. Kurzhaarige Hunde haben gewöhnlich einen höheren Energiebedarf als langhaarige. Auch kleinere Hunde verbrauchen relativ mehr Energie als große Hunde. Selbstverständlich spielt auch der persönliche Bewegungsbedarf eine ganz entscheidende Rolle – die einen werden täglich über mehrere Kilometer trainiert bzw. regelmäßig im Leistungssport gefordert, die anderen haben einen weitaus geringeren Bewegungsbedarf, denn sie gehen spazieren, toben mit Spielgefährten oder laufen kleinere Touren am Rad. Daher möchte ich in meinem Buch ganz bewusst auf Energiebedarfstabellen verzichten.

Wir füttern unsere ausgewachsenen Hunde seit Jahren drei Mal pro Tag, sprich morgens und mittags eine kleine Mahlzeit in Form einer Nebenmahlzeit und abends generell die Hauptmahlzeit.

Morgens besteht das »Frühstück« aus einem Brötchen (Körnerbrötchen für die Jugend, helle Brötchen für die Älteren) mit entweder Frischkäse, Margarine mit Olivenöl, auch mal Kräuterbutter oder in der kälteren Jahreszeit Gänseschmalz oder Hubertusschmalz in Abhängigkeit vom jeweiligen Temperament und der Grundveranlagung bezüglich des Gewichts. Zusätzlich gibt's den sogenannten »Fitnessdrink«, der sich aus einem Schnapsglas Aloe Vera zusammensetzt mit einem gehäuften Teelöffel Blütenpollen und entweder etwas Buttermilch, Joghurtbuttermilch oder Ziegenmilch. Dieser »Drink« stärkt in erster Linie die so wichtige körpereigene Abwehr und ist gleichzeitig auch von Vorteil für die Nieren, die dadurch schon morgens gut »gespült« werden. Mittags geben wir je nach Größe ½ oder 1 Tasse (50 g bis max. 100 g) eines Fertigfutters unseres Vertrauens (Rohproteingehalt nie über 20 %), immer mit frischem Obst oder anstelle von Fertigfutter Quark mit frischem Obst. Wir bevorzugen hierbei für unsere ausgewachsenen Dalmatiner ein Fertigfutter mit einem Rohproteingehalt von 19,80 % und Phosphor von 0,75 %. Die Menge, die wir mit der Mittagsmahlzeit an Proteinen verfüttern, wird selbstverständlich abends berücksichtigt. Hier sei noch mal an den täglichen Mindestbedarf an Protein für den Erhaltungsstoffwechsel eines ausgewachsenen Hundes mit normaler Belastung erinnert, der bei 2,0 Gramm pro Kilogramm Körpergewicht liegt.

Hunde brauchen nicht täglich Fleisch und zudem sollte der Fleischanteil auch nicht zu hoch sein. Man kann auch regelmäßig zwei bis drei Mal pro Woche Quark oder Hüttenkäse anstelle von Fleisch mit entsprechenden Kohlenhydraten im Rahmen der Hauptmahlzeit verfüttern.

Bei den kaltgepressten Ölen, die wir täglich zur Hauptmahlzeit abends füttern, sollte man sich erst mit kleineren Mengen, d. h. mit einem Teelöffel (entspricht 5 ml) herantasten, um dann bei guter Verträglichkeit die Menge auf einen guten Esslöffel (entspricht 15 ml) zu steigern. Kohlenhydratgrundlagen neben Gemüse und Kräutern sind Maisflocken, Nudeln in allen Getreidevariationen, Reis in verschiedenen Variationen, Maisgrieß (Polenta) oder gekochte Biokartoffeln mit Schale. Der Reis, bevorzugt ungebleichter, ungeschälter Vollkornreis oder Naturreis sollte in viel Wasser so lange kochen, bis er pappig bis glitschig ist, denn nur so kann er vom Hund verdaut werden. Alle festkochenden Gemüsearten werden blanchiert, d. h. nur kurz gedünstet (höchstens 10 Minuten), dann entweder durch den Mixer gegeben oder fein zerkleinert. So bleiben die Vitamine erhalten, das Gemüse kann völlig verdaut werden und die wertvollen, jedoch hitzestabilen Carotinoide werden durch das Blanchieren aufgeschlossen. Um die Verwertbarkeit gewisser Vitamine und

z. T. auch sekundärer Pflanzenstoffe noch zu erhöhen, kommt zu jeder Hauptmahlzeit ein kaltgepresstes Öl, was sich zudem bei konstanter Zufütterung positiv in einem glänzenden Haarkleid bemerkbar macht. Wir verwenden überwiegend kaltgepresstes Olivenöl und kaltgepresstes Rapsöl nur von hoher Qualität.

Wenn es ausnahmsweise einmal schneller gehen muss, ersetzen wir den Kohlenhydratanteil durch qualitativ hochwertige Flocken, die wir so mischen, dass der Proteingehalt bei circa 10 % Rohprotein liegt und geben einen für unsere Hunde geeigneten Fleischanteil dazu.

Beispiel für die Berechnung von Rohprotein (RP) nach Körpergewicht und der daraus resultierenden Fleischmenge pro Tag:

Schritt 1: 2 g Protein pro kg Körpergewicht als Berechnungsgrundlage, das heißt:

Ein Hund mit 10 kg Körpergewicht darf 20 g Rohprotein pro Tag bekommen.
Ein Hund mit 15 kg Körpergewicht darf 30 g Rohprotein pro Tag bekommen.
Ein Hund mit 20 kg Körpergewicht darf 40 g Rohprotein pro Tag bekommen.
Ein Hund mit 25 kg Körpergewicht darf 50 g Rohprotein pro Tag bekommen.
Ein Hund mit 30 kg Körpergewicht darf 60 g Rohprotein pro Tag bekommen.
usw.

Schritt 2: Wie viel Gramm von einem Fleisch mit 20 % Rohprotein (Rind) darf dann pro Tag gefüttert werden:

Rindfleisch (Bug, Schulter) enthält z. B. als Hauptbestandteil in 100 g essbarem Anteil:
73,1 g Wasser / 20,2 g Eiweiß / 5,3 g Fett / 1,0 g Mineralstoffe

Zu rechnen mit Dreisatz:
Für einen Hund mit 25 kg, der 50 g Rohprotein (RP) pro Tag bekommen darf:
100 g Fleisch entsprechen 20 % RP
x g Fleisch entsprechen 50 g RP (da ich 50 g RP füttern darf)
50 * 100 = x/20 = 250 g von diesem Fleisch dürfen pro Tag gefüttert werden.

Für einen Hund mit 30 kg, der 60 g Rohprotein pro Tag bekommen darf:
100 g Fleisch entsprechen 20 % RP
x g Fleisch entsprechen 60 g RP (da ich 60 g RP füttern darf)
60 * 100 = x/20 = 300 g von diesem Fleisch mit 20 % RP dürfen pro Tag gefüttert werden.

Zur Erläuterung: x entspricht der zu errechnenden Fleischmenge
* steht für das Multiplikationszeichen
/ steht für das Divisionszeichen

Ein Hund mit 25 kg (30 kg) bekommt dann 50 g (60 g) Rohprotein pro Tag, das wären bei einem Fleisch, das 20 % Rohprotein enthält (wie beispielsweise Rindfleisch) 250 g (300 g) von diesem Fleisch.

Bekommt der Hund wie bei uns beispielsweise ein Mal pro Tag 100 g Trockenfutter mit 20 % Protein, so muss man 20 g Rohprotein von 50 g (60 g) abziehen, so dass dann nur noch 30 g (40 g) mit der Hauptmahlzeit verfüttert werden sollten. Damit würde sich dann die Menge an Fleisch auf 150 g (200 g) reduzieren.

Sämtliche Mengenangaben der Rezepte beziehen sich auf die Hauptmahlzeit und entsprechen dem Bedürfnis eines ausgewachsenen, mittelgroßen (25 - 30 kg) und gesunden Hundes bei normaler Belastung. Das Futter besteht, wie man aus den Gerichten entnehmen kann, zu einem Teil aus eiweißreichen Futtermitteln und zu zwei Teilen aus kohlenhydratreichen Futtermitteln.

Generell nie kaltes Futter aus dem Kühlschrank sowie zu warmes Futter geben! Kaltes Futter reizt die Magenschleimhaut und kann zu Magenproblemen führen, zu warmes nehmen die Hunde nicht gerne. Tun sie es »mit einer gewissen Gier« dann doch, so können sie sich praktisch den Mund verbrennen!

Rezepte mit Fleisch für die Hauptmahlzeit abends

- Die Angaben für das Fleisch ohne Klammer sind für einen Hund mit 25 kg (in Klammer für einen Hund mit 30 kg).
- Die Fleischmengen dürfen nicht überschritten werden.
- Die Angaben für Kohlenhydrate wie Kartoffeln ohne Klammer für 25 kg (in Klammer für 30 kg).
- Alle Rezepte sind für einen Hund mittlerer Aktivität bemessen. Sollte Ihr Hund abnehmen oder zunehmen, können Sie das Gewicht durch ein Plus oder Minus bei den Kohlenhydraten ausgleichen.
- Die Kartoffel wird gekocht und kann mit Schale verfüttert werden. Nudeln, Spätzle, Reis werden ungekocht bemessen, aber gekocht verfüttert.

Ungeputzter Pansen mit Kartoffeln und Roten Beten

Zutaten:
250 g (300 g) ungeputzter Pansen, roh
5 - 6 (6 - 7) mittelgroße Kartoffeln (bevorzugt Biokartoffeln)
2 Bällchen Rote Bete
1 Esslöffel kaltgepresstes Olivenöl

Zubereitung:
Kartoffeln kochen, pellen und pürieren. Den ungeputzten Pansen entweder fein schneiden oder fein durchdrehen. Die Roten Beten leicht kochen oder bereits vorgekocht kaufen, dann pürieren. Den Pansen mit den Kartoffeln und den Roten Beten mischen, den Esslöffel kaltgepresstes Olivenöl dazugeben.

Hackfleisch mit Gemüse und Reis

Zutaten: 250 g (300 g) Hackfleisch roh vom Rind
1 - 1 ⅓ Tassen Naturreis
1 große Karotte
1 Lauchstange
1 mittelgroßes Stück Sellerie
1 Esslöffel kaltgepresstes Rapsöl
1 Gemüsebrühwürfel
etwas getrockneter Thymian (u. a. kalziumreich, s. Tabelle)

Zubereitung:

Den Naturreis in reichlich Wasser weich kochen. Eine kleine Menge von einem Brühwürfel dazugeben. Naturreis braucht etwa 40 Minuten. Das Gemüse fein zerkleinern und etwa 10 - 15 Minuten vor der Garzeit dazugeben. Dann alles mit dem Hackfleisch mischen und zuletzt das Öl mit dem getrockneten Thymian dazugeben. Handwarm füttern.

Kopffleisch mit Nudeln und Tomaten

Zutaten: 250 g (300 g) Kopffleisch, roh (Rind)
125 - 150 g Nudeln
½ Dose geschälte Tomaten
⅓ Bund Petersilie
1 Esslöffel geriebener Parmesankäse
1 Esslöffel kaltgepresstes Olivenöl
1 kleine Knoblauchzehe
5 Basilikumblätter (oder getrocknet, da kalziumreicher)

Zubereitung:

Die Nudeln weich kochen und dann abgießen. Das fein durchgedrehte rohe Kopffleisch mit den Nudeln mischen. Die halbe Dose geschälte Tomaten mit der feingehackten Petersilie und dem feingehackten Knoblauch mit dem Fleisch mischen, den geriebenen Parmesan und zum Schluss das kaltgepresste Olivenöl dazugeben und die feingehackten Basilikumblätter oder Basilikum getrocknet.

Pute gebraten mit Kartoffeln, Zucchini und Karotten

Zutaten:
250 g (300 g) Putenschnitzel
5 - 6 (6 - 7) mittelgroße Kartoffeln
1 große Karotte
1 mittelgroße Zucchini
etwas Thymian
etwas Rosmarin (getrocknet kalziumreicher)
1 Esslöffel kaltgepresstes Olivenöl
1 Teelöffel Balsamico Essig

Zubereitung:
Kartoffeln kochen, pellen und pürieren. Putenschnitzel in dünne Streifen schneiden und mit Olivenöl und ein wenig Wasser in der Pfanne anbraten. Karotten in dünne Streifen geschnitten und Zucchini in dünne Scheiben geschnitten dazugeben und mitbraten. Thymian und Rosmarin, kurz bevor alles fertig ist, dazugeben und mit dem Fleisch und Gemüse in dem Öl wenden. Putenfleisch mit Gemüse mit den pürierten Kartoffeln mischen, 1 Esslöffel kaltgepresstes Olivenöl und 1 Teelöffel Balsamico Essig dazugeben und mischen. Handwarm füttern.

Gebratene Leber mit Reis und Feldsalat

Zutaten:
250 g (300 g) Leber vom Rind
1 - 1 ⅓ Tassen Vollkornreis
1 Hand voll Feldsalat
1 Esslöffel kaltgepresstes Rapsöl
1 Gemüsebrühwürfel

Zubereitung:
Den Vollkornreis in reichlich Wasser weich kochen und eine kleine Menge von einem Brühwürfel dazugeben. Leber in Streifen geschnitten in Rapsöl kurz anbraten. Alles mischen und gut auf handwarm abkühlen lassen. Feldsalat fein gehackt dazugeben und mit 1 Esslöffel Rapsöl alles mischen. Handwarm füttern.

Gekochtes Herz mit Reis, Kohlrabi und Karotten

Zutaten: 250 g (300 g) Herz vom Rind
1 Tasse Vollkornreis
1 große Karotte
1 Kohlrabi mit Grün
1 Lorbeerblatt
1 Gemüsebrühwürfel
1 Esslöffel kaltgepresstes Olivenöl

Zubereitung:
Das Herz in Wasser mit dem Lorbeerblatt und dem Suppenwürfel weich kochen. Den Reis in Wasser weich garen. Die Karotten und den Kohlrabi in kleine Würfel schneiden und 10 Minuten vor Beendigung der Garzeit dem Reis beifügen. Die Blätter vom Kohlrabi mit etwas Wasser im Mixer pürieren. Das in Würfel geschnittene Herz mit dem Reis und dem Gemüse mit den pürierten Blättern mischen und den Esslöffel Olivenöl darunterziehen. Handwarm füttern.

Gekochtes Suppenfleisch mit Kartoffeln und Gemüse

Zutaten: 250 g (300 g) Suppenfleisch vom Rind
5 - 6 (6 - 7) mittelgroße Kartoffeln
1 große Karotte
1 Lauchstange
1 mittelgroßes Stück Sellerie
1 Gemüsebrühwürfel
1 Esslöffel kaltgepresstes Rapsöl
1 Eigelb

Zubereitung:
Das Suppenfleisch in Würfel schneiden und mit einer kleinen Menge des Brühwürfels kochen. Kartoffeln kochen, pellen und pürieren. Das Gemüse fein zerkleinern und 10 Minuten vor Beendigung der Garzeit der Fleischwürfel dem Suppenfleisch beifügen. Dann Fleisch mit Kartoffeln und Gemüse mischen. Zuletzt das Rapsöl und 1 Eigelb dazugeben. Handwarm füttern.

Gebratenes Lamm mit Nudeln, Tomaten und Rucola

Zutaten:
250 g (300 g) Lammfleisch
125 - 150 g Nudeln
½ Dose geschälte Tomaten
1 Bund Rucola Salat
1 kleine Knoblauchzehe
1 Esslöffel kaltgepresstes Olivenöl
1 Esslöffel geriebener Parmesankäse
etwas Rosmarin (getrocknet kalziumreicher)

Zubereitung:
Das Lammfleisch fein schneiden und mit Olivenöl anbraten. Die Nudeln vorher weich kochen und abgießen. Den Rucola mitsamt Stängeln mit dem Knoblauch im Mixer zum Pesto pürieren. Dann das Lamm mit den Nudeln, dem Rucola-Knoblauchpesto und den geschälten Tomaten mischen. Zuletzt den Parmesan und den getrockneten Rosmarin mit dem Esslöffel Olivenöl darunterziehen.

Gekochte Hühnerschlegel mit Kartoffeln und Gemüse

Zutaten:
250 g (300 g) Hühnerschlegel
5 - 6 (6 - 7) mittelgroße Kartoffeln
1 mittelgroßer Fenchel
1 große Karotte
⅓ Bund Petersilie
Gemüsebrühe
1 Esslöffel kaltgepresstes Olivenöl
etwas Majoran

Zubereitung:
Kartoffeln kochen, pellen und pürieren. Den Hühnerschlegel mit einer kleinen Menge des Brühwürfels kochen. Fenchel und Karotten fein zerkleinern und 10 Minuten vor Beendigung der Garzeit zum Huhn geben. Das Hühnerfleisch von dem Knochen lösen. Dann das klein geschnittene Fleisch mit der Brühe und dem Gemüse mit den Kartoffeln mischen. Zuletzt die fein geschnittene Petersilie mit etwas zerkleinerten Majoran und dem Olivenöl dazugeben.

Gebratene Hühnerbrust mit Reis und Gemüse

Zutaten:
250 g (300 g) Hühnerbrust
1 Tasse Vollkornreis
1 mittelgroßer Brokkoli
1 große Karotte
Gemüsebrühe
kaltgepresstes Olivenöl
etwas Thymian (getrocknet, da kalziumreicher)

Zubereitung:
Die Hühnerbrust in Streifen schneiden und mit dem Olivenöl anbraten. Den Reis mit einer kleinen Menge des Brühwürfels in Wasser weich garen. Die Karotte fein zerkleinern. Die Brokkoliröschen und die Karottenstücke 10 Minuten vor Beendigung der Garzeit zum Reis geben. Dann den Reis mit Gemüse mit dem gebratenen Hühnerstreifen und dem Thymian mischen und noch einen Esslöffel kaltgepresstes Olivenöl dazugeben.

Gebratene Blutwurst mit Bratkartoffeln und grüner Soße

Zutaten:
200 g (250 g) Blutwurst (nicht geräuchert! Zungenblutwurst oder Griebenblutwurst)
5 - 6 (6 - 8) mittelgroße Kartoffeln
⅓ Paket grüne Soße, wahlweise ⅓ Bund Petersilie mit ½ Bund Schnittlauch
kaltgepresstes Rapsöl
1 Ei

Zubereitung:
Die Kartoffeln als Pellkartoffeln kochen und mitsamt der Schale in Scheiben schneiden. Die Blutwurst klein schneiden. Dann die Kartoffeln mit Rapsöl in der Pfanne anbraten und die klein geschnittene Blutwurst daruntergeben und leicht anbraten. Zuletzt das Ei dazugeben und alles mischen. Die grüne Soße oder wahlweise Petersilie und Schnittlauch im Mixer zum Pesto pürieren und mit dem gesamten Pfannengericht gut mischen.

Leberkäse gebraten mit Reis und Spinat

Zutaten:
250 g (300 g) Leberkäse
1 Tasse Vollkornreis
½ Paket Spinat tiefgefroren (150 - 200 g Blattspinat)
kaltgepresstes Rapsöl

Zubereitung:
Den Leberkäse klein schneiden und mit etwas Rapsöl anbraten. Den Reis weich kochen und mit dem zuvor aufgetauten Spinat mischen. Zuletzt den angebratenen Leberkäse dazugeben und alles gut mischen.

Rezepte mit Fisch

Gebratener Hering mit Kartoffeln und Salatgurke

Zutaten:
250 g (300 g) Hering
5 - 6 (6 - 8) mittelgroße Kartoffeln
½ mittelgroße Salatgurke
kaltgepresstes Olivenöl
etwas Dill (getrocknet, da kalziumreicher)

Zubereitung:
Kartoffeln kochen, pellen und pürieren. Den Hering mit Olivenöl in der Pfanne gar braten. Kopf und Gräten des Herings müssen nicht, können jedoch entfernt werden Der gebratene Fisch wird in maulgerechte Stücke geschnitten. Die Salatgurke kann entweder püriert werden oder wird auf der Gemüsereibe fein gerieben. Die pürierten Kartoffeln werden mit den gebratenen Fischstücken und mit der fein zerkleinerten Gurke gemischt. Zuletzt wird getrocknetes Dillkraut dazugegeben.

Fischstäbchen gebraten mit Reis und Gemüse

Zutaten:
6 - 8 tiefgekühlte Fischstäbchen
1 - 1 ⅓ Tassen Vollkornreis
1 große Karotte
1 Lauchstange
⅓ Bund Petersilie
Gemüsebrühe
kaltgepresstes Olivenöl

Zubereitung:
Fischstäbchen in Olivenöl durchbraten. Reis in reichlich Wasser mit einer kleinen Menge des Brühwürfels weich kochen. Karotte und Lauch fein zerkleinern und 10 Minuten vor Beendigung der Garzeit zum Reis geben. Fischstäbchen mit dem Reis und Gemüse mischen und zuletzt die fein geschnittene Petersilie dazugeben.

Thunfisch mit Nudeln und Tomaten

Zutaten:
1 Dose Thunfisch mit 150 g
130 - 160 g Suppennudeln
½ Dose geschälte Tomaten
1 kleine Knoblauchzehe
1 Bund Rucola Salat
1 Esslöffel kaltgepresstes Olivenöl

Zubereitung:
Nudeln weich kochen und abgießen. Die Knoblauchzehe und den Rucola mit Stängeln fein zerkleinern am besten im Mixer zum Pesto verarbeiten. Den Thunfisch mit den noch warmen Nudeln und mit den geschälten Tomaten mischen. Zuletzt das Rucola-Knoblauchpesto mit dem Olivenöl dazugeben und alles gut mischen.

Kabeljau (Dorsch) gekocht mit Kartoffeln und Karotte

Zutaten: 250 g (300 g) Kabeljau (Dorsch)
5 - 6 (6 - 7) mittelgroße Kartoffeln
1 große Karotte
1 Esslöffel kaltgepresstes Olivenöl

Zubereitung:

Kartoffeln weich kochen, pellen und pürieren. Den Kabeljau bzw. Dorsch kochen und von allen Gräten befreien. Die Karotte zerkleinern und blanchieren. Das Kartoffelpüree mit dem Kabeljau oder Dorsch und der Karotte mischen und 1 Esslöffel kaltgepresstes Olivenöl dazugeben.

Lachs gebraten mit Reis und Schnittbohnen

Zutaten: 250 g (300 g) Lachssteaks
1 Tasse Naturreis (sollte pappig sein, braucht dafür circa 40 Min.)
1 Handvoll Schnittbohnen
etwas Bohnenkraut
kaltgepresstes Olivenöl

Zubereitung:

Reis in reichlich Wasser weich kochen. Den Lachs in Olivenöl anbraten und von Gräten befreien. Die Schnittbohnen klein schneiden und blanchieren. Das Bohnenkraut kleingehackt zu den Schnittbohnen geben. Den Reis mit dem zerkleinerten Lachs und den Bohnen mischen.

Vegetarische Rezepte

Ein vegetarischer Tag pro Woche mit dem Rezept mit Hüttenkäse und ein Mal pro Woche ohne Milchprodukt ist empfehlenswert!

Sauerkraut mit Spätzle und Apfel

Zutaten:
130 g - 160 g Spätzle (Eierspätzle)
100 g Sauerkraut
1 mittelgroßer bis großer Bio-Apfel
1 Esslöffel geriebener Emmentaler Käse
kaltgepresstes Rapsöl

Zubereitung:
Die Spätzle weich kochen. Den klein geschnittenen Apfel mit dem Sauerkraut etwa 10 Minuten in dem Rapsöl dünsten. Die Spätzle mit dem Sauerkraut mischen und geriebenen Käse dazugeben.

Bratkartoffeln mit Ei und Hüttenkäse

Zutaten:
5 - 6 (6 - 8) mittelgroße Kartoffeln
250 g (300 g) Hüttenkäse
1 Ei
2 Esslöffel Milch
kaltgepresstes Olivenöl

Zubereitung:
Die Kartoffeln kochen und mit der Schale in feine Scheiben schneiden. Die Kartoffelscheiben in der Pfanne mit Olivenöl anbraten. Dann das Ei mit den 2 Esslöffeln Milch vermengen und mit den Kartoffelscheiben in der Pfanne kurz braten. Zuletzt den Hüttenkäse unter die Bratkartoffeln mischen.

Bratkartoffeln mit Knoblauch

Zutaten: 6 - 7 (7 - 8) mittelgroße Kartoffeln
1 kleine Knoblauchzehe
2 - 3 Eier
kaltgepresstes Rapsöl
wahlweise Kräuterbutter

Zubereitung:
Die Kartoffeln kochen und mit der Schale in dünne Scheiben schneiden. In der Pfanne die Kartoffelscheiben mit einer ausgepressten Knoblauchzehe mit Rapsöl goldbraun braten. Zuletzt die Eier dazugeben und kurz mitbraten. Auf handwarm abkühlen lassen.

Gemüsereissuppe mit Apfel und Käse

Zutaten: 1 - 1 ⅓ Tassen Vollkornreis
1 kleiner Bioapfel
1 mittelgroßes Stück Sellerie
1 große Karotte
1 Esslöffel geriebener Emmentaler
1 Teelöffel - 1 Esslöffel Kokosflocken (kalorienreich)
kleine Menge Gemüsebrühwürfel
1 Esslöffel kaltgepresstes Olivenöl

Zubereitung:
Reis in reichlich Wasser mit der kleinen Menge eines Gemüsebrühwürfels weich kochen. Den Sellerie und die Karotte klein schneiden, in wenig Wasser blanchieren und danach pürieren. Den Apfel klein schneiden und mit den Kokosflocken unter den suppigen Gemüsereis mischen. Zuletzt das Olivenöl mit den geraspelten Emmentaler drunter mischen und handwarm verfüttern.

Kartoffelsuppe

Zutaten:
5 - 6 (6 - 7) mittelgroße Kartoffeln
1 große Karotte
kleine Menge Gemüsebrühwürfel
eine Frauenhand voll Suppennudeln
1 kleine Knoblauchzehe
etwas Margarine
etwas Salbei (getrocknet, da kalziumreicher)
1 Esslöffel kaltgepresstes Olivenöl

Zubereitung:
Die Kartoffeln weich kochen und pürieren. Etwas zerlassene Margarine und den gepressten Knoblauch unter die pürierten Kartoffeln geben. Die Brühe mit dem Gemüsebrühwürfel dazugeben und alles gut mit einem Schneebesen glatt rühren. Dann die bereits gekochten Suppennudeln dazugeben und zuletzt die fein geraspelte Karotte mit dem getrockneten Salbei mit 1 Esslöffel Olivenöl daruntermischen.

Nudeln mit Tomatensoße und Käse

Zutaten:
150 g (200 g) Nudeln
½ Dose geschälte Tomaten
1 Esslöffel geriebener Parmesankäse
oder anstelle geraspelter Emmentalerkäse
⅓ Bund Petersilie
1 kleine Knoblauchzehe
1 Esslöffel kaltgepresstes Olivenöl

Zubereitung:
Die Nudeln weich kochen und mit den geschälten Tomaten und dem Esslöffel Olivenöl mischen. Die klein gehackte Knoblauchzehe und die klein geschnittene Petersilie mit dem Käse mit den noch warmen Nudeln mischen und auf handwarm zum Füttern abkühlen lassen.

Kartoffelbrei mit Karotten und Zucchini

Zutaten:
5 - 6 (6 - 7) mittelgroße Kartoffeln
1 große Zucchini
1 große Karotte
kaltgepresstes Olivenöl
etwas Milch
2 (3) Eigelb

Zubereitung:
Die Kartoffeln weich kochen, schälen und pürieren und dann etwas Milch dazugeben und gut mit dem Schneebesen durchschlagen. Die Zucchini und die Karotten in Scheiben schneiden und mit dem Olivenöl in der Pfanne von beiden Seiten anbraten. Das angebratene Gemüse mit dem Kartoffelbrei mischen und auf handwarm zum Füttern abkühlen lassen. Zuletzt das Eigelb darunterziehen.

Frühstücksideen und Ideen für Nebenmahlzeiten

- Magerquark mit etwas Honig und einer zerdrückten Banane, wahlweise für zu »Schlanke« Sahnequark
- Kräuterquark mit einem zerkleinerten Apfel
- Vollkornbrötchen mit Gänseschmalz
- Roggenbrötchen mit Hubertusschmalz
- Vollkornbrötchen mit Kräuterfrischkäse
- 2 warme Vollkorntoastschnitten mit Leberwurst
- Cornflakes mit etwas Honig und Ziegenmilch (gibt keinen Durchfall)
- Körniger Frischkäse mit etwas Honig und einer zerdrückten Banane
- Milchreis mit einem kleinen Fruchtjoghurt
- Magerquark mit Apfel, Banane, Mandarine und Honig, wahlweise für zu »Schlanke« Sahnequark

Die Ernährung älterer Hunde

Als ältere Hunde werden Hunde ab etwa sieben Jahren bezeichnet. Da Hunde in Abhängigkeit von Rasse, Körpergröße und Haltung unterschiedlich altern, kann man die Altersgrenze nicht grundsätzlich verallgemeinern. Jedoch treten so um die sieben Jahre bei einigen Hunderassen, insbesondere den großrassigen und allmählich auch schon bei den mittelgroßen Hunden, die ersten, häufig vom Besitzer noch unbemerkten Anzeichen des Alterns auf:

- Die Anpassung an veränderte Situationen dauert länger.
- Die Sauerstoffversorgung der Zellen lässt nach. Bei mehreren mit dem Alterungsprozess zusammenhängenden Krankheiten sind oxydative Schäden beteiligt. Auch hier ist eine gute Versorgung mit antioxydativen Vitaminen vorteilhaft, wobei Vitamin A nicht überdosiert werden sollte.
- Die Zellen der Bauchspeicheldrüse sind häufig geschwächt. Daraus folgt eine schlechtere Regulation des Blutzuckers, was zu einem Diabetes Mellitus führen kann.
- Nährstoffe, vor allem Vitamine, werden nicht mehr so gut resorbiert. Somit erhöht sich der Vitaminbedarf alter Hunde.
- Die Funktionen von Leber und Nieren lassen nach.
- Der Energiebedarf ist geringer. Wird dies nicht berücksichtigt, kommt es leicht zu Übergewicht.
- Die Verdauungstätigkeit lässt nach. Es entsteht eine größere Neigung zu Verstopfungen und häufig auch zur verstärkten Flatulenz.
- Es entsteht eine Tendenz zur Erhöhung des Fett-, Cholesterin- und Harnsäuregehaltes im Blut.
- Zahnfleischerkrankungen und Zahnverluste können die Futteraufnahme erschweren.

Bei sehr alten Hunden nimmt auch das Geschmacksempfinden ab, sodass besonders akzeptables und nicht zu hartes Futter angeboten werden muss, um eine ausreichend hohe Futteraufnahme sicherzustellen. Alte Hunde trinken manchmal zu wenig. In diesem Fall ist suppenähnliches Futter empfehlenswert, um die Flüssigkeitsaufnahme zu verbessern.

Ältere Hunde benötigen besonders hochwertiges Futter, um den Organismus so wenig wie möglich zu belasten. Für sie sollten deshalb beispielsweise nur hochverdauliche Eiweiße mit hoher biologischer Wertigkeit verwendet werden – wie mageres Fleisch, Eier und Milchprodukte. Schwer verdauliche Proteine in Form von Innereien, Pansen oder Sojaprodukten sollten vermieden werden. Zudem ist alles zu vermeiden, was zu Blähungen führen kann, unter anderem alle Hülsenfrüchte, alle Kohlarten, etc. Eine Überversorgung mit Phosphor ist aufgrund der altersbedingt eingeschränkten Nierenfunktion stets zu vermeiden. Pektinreiche Futtermittel wie Möhren und Äpfel sind nicht nur vitaminreich, sondern sorgen über den Ballaststoffanteil auch für eine gute Verdauung, sodass die Belastung des Organismus mit schädlichen Eiweißabbauprodukten, insbesondere mit Ammoniak, vermindert werden kann. Um den Verdauungsapparat zu entlasten, sollten ältere Hunde generell mehrere Mahlzeiten pro Tag erhalten, am besten morgens, mittags und abends. In der Gesamtheit ist die Futterration aufgrund des geringeren Energiebedürfnisses zu kürzen und in Abhängigkeit von der jeweiligen Konstitution des Hundes sollte das Futter herzfreundlich (natriumarm), leberfreundlich und nierenfreundlich sein.

Wir füttern unsere Hunde ab dem Alter von sieben Jahren generell sowohl leber- als auch nierenfreundlich und immer drei Mal pro Tag, wobei abends die Hauptmahlzeit gegeben wird. Das Frühstück unserer älteren Hunde besteht aus Wasser- oder Milchbrötchen (kein Vollkorn, da der Phosphorgehalt zu hoch ist). Als Brotaufstrich gibt es je nach Gewicht der Hunde im Wechsel mal Schmalz, bevorzugt Gänseschmalz, oder auch Kräuterbutter, ebenso Frischkäse oder Margarine mit Olivenöl.

Morgens gibt es nach dem Brötchen stets unseren sogenannten Fitnesstrunk: Er besteht entweder aus verdünnter Milch oder Bio-Ziegenmilch (Bio-Produkte haben keine Phosphorzusätze), stets handwarm, mit einem Teelöffel Blütenpollen und einem Schnapsglas Aloe Vera. Damit hat jeder einzelne Hund unseres Rudels erst einmal eine kontrollierte Menge Flüssigkeit zu sich genommen und die Nieren werden nach dem konzentrierten Nachturin gut gespült. Mit den Zusätzen wird das Immunsystem unterstützt. Als Zugabe gibt es für jeden Hund ein Dragée eines Multivitaminpräparates mit wichtigen Mineralstoffen und Spurenelementen und dazu eine Tablette eines Vitamin B Kombinationspräparats, das Vitamin B1, B2, B6, B12, Folsäure, Niacin, Biotin und Pantothensäure enthält. Diese Kombination unterstützt den Fett-, Kohlenhydrat- und Eiweißstoffwechsel und fördert die Blutbildung, ohne Leber und Nieren zu belasten, was beispielweise Innereien oder Hülsenfrüchte in hohem Maße tun.

Mittags füttern wir unseren älteren Hunde entweder ½ Kaffeetasse (ca. 50 g) Nierendiät – Kroketten mit nur 12,7 % Protein und nur 0,25 % Phosphor im Wechsel mit ca. 100 g Quark. Zu beidem geben wir immer frisches Obst. Meist verwenden wir Bio-Äpfel, pro Hund ca. ½ Apfel. Auf Bananen verzichten wir bei unseren Dalmatinern wegen des zu hohen Puringehaltes. Anstelle von Äpfeln gibt es auch mal zwischendurch Ananas, Mandarinen, Orangen, Kiwi, oder wenn jahreszeitlich verfügbar auch kleingeschnittene Pfirsiche, Aprikose, Susinen, Honigmelonen oder aus unserem »Waldgarten« frisch geerntete Brombeeren. Manche unserer Hunde haben ein solches Faible für Brombeeren, dass sie uns mit der Ernte zuvorkommen. Wenn die Hunde nicht zu Übergewicht neigen, kommt zu dem Quark mit Obst gelegentlich auch ein Teelöffel Honig dazu. Alles Obst wird nur klein geschnitten.

Abends gibt es die **Hauptmahlzeit** in breiähnlicher Konsistenz. Die Fleischmengen sind mit 100 - 150 g (je nach Gewicht unserer Hunde) für die jeweilige Mahlzeit bemessen. Das Fleisch wird nahezu püriert verfüttert, so dass das gesamte Futter danach riecht. Zu dem Fleisch gibt es abwechselnd gekochte Kartoffeln püriert oder klein geschnitten, gekochte Nudeln, Reis, Maisflocken oder auch gelegentlich Maisgries. Anstelle von Fleisch werden auch ein bis zwei Mal pro Woche Milchprodukte in Form von Hüttenkäse verwendet. Insgesamt gibt es für unsere Hundesenioren zwei bis drei Mal vegetarische Tage pro Woche. Zudem füttern wir ein Mal pro Woche anstelle von Fleisch oder Hüttenkäse eine halbe Dose einer Nierenschonkost mit einem Rohproteingehalt von 3,8 % - 4,4 % und Phosphor von 0,05 % mit harnalkalisierenden Stoffen oder Phosphor vom maximal 0,07 % stets mit Kartoffeln, Nudeln oder Maisflocken vermischt.

Gemüse kommt immer dazu, meistens in Form von blanchierten und pürierten Karotten, zwischendurch pürierte Rote Bete oder gekochter, klein geschnittener Fenchel. Frisches Grün wird immer sehr fein geschnitten und in Abhängigkeit von der Jahreszeit auch regelmäßig mitgefüttert. Im Wechsel mit frischem Grün geben wir getrocknete Kräuter in Form von Lavendel, Salbei, Rosmarin, Thymian etc. Außerdem gibt es täglich einen Esslöffel eines kaltgepressten Pflanzenöls, bevorzugt Olivenöl oder Rapsöl, in das Futter. Abwechselnd zu den genannten Pflanzenölen geben wir drei Mal pro Woche Dorschlebertran als hochwertigen Vitamin D-Lieferant mit einem Esslöffel bemessen über das Futter.

Zur regelmäßigen Unterstützung des gesamten Verdauungsapparats geben wir täglich eine selbstgefertigte Teemischung aus:
3 Teilen Salbei, 1 Teil Fenchel gestoßen, 1 Teil Anis gestoßen und 1 Teil Lavendel. Auf die Abendfütterung kommt ein gehäufter Teelöffel.

Da wir vom ersten Lebensjahr an ein Mal jährlich bei allen unseren Hunden ein großes Blutbild machen lassen, sehen wir zum Beispiel, ob der Phosphatwert ansteigt, auch wenn er noch durchaus im oberen Normbereich liegt. Ist hier eine leicht steigende Tendenz zu sehen, so kann dies ein Hinweis auf eine bereits eingeschränkte Nierenfunktion sein. In diesem Fall geben wir zusätzlich zu der beschriebenen Fütterung noch einen Phosphatbinder in Form eines Kalziumcarbonat-Präparates oder Antiphosphatdragées. Beides sind Präparate aus dem qualitativ hochwertigen Humanbereich und in der Apotheke erhältlich. Je nach Höhe des Phosphatwerts beginnen wir mit einem Dragée am Abend oder auch einem abends und einem morgens. Bei der Dosierung ist das Körpergewicht zu beachten!

Die Ernährung junger Hunde

Für eine optimale Entwicklung ist es entscheidend, dass alle Welpen innerhalb von 12 - 24 Stunden nach der Geburt Kolostrum (auch »Biestmilch« genannt) aufnehmen, damit sie mit den Antikörpern der Mutter und anderen wichtigen Nährstoffen versorgt sind. Diese liegen im Kolostrum in hoher Konzentration vor.

Im Allgemeinen verdoppelt sich das Geburtsgewicht nach sieben bis neun Tagen. Am Ende der zweiten Woche ist etwa das Drei- bis Vierfache, nach vier Wochen das Sechs- bis Siebenfache des Geburtsgewichtes erreicht.

Obwohl die Welpen bis zur vierten und fünften Woche noch bei der Mutter saugen, sollte man schon zu Beginn der dritten Woche allmählich mit der Zufütterung eines hochverdaulichen, schmackhaften, gut verträglichen Beifutters in flüssig-breiiger Konsistenz beginnen. Hier ist es empfehlenswert, Welpenmilch mit Welpenbrei (beides als Fertigprodukt erhältlich) zu mischen, sodass es die Welpen aus flachen Schälchen drei bis vier Mal täglich aufnehmen können. Bereits nach zwei bis drei Tagen kann man kleine Mengen mageren, durch den Fleischwolf gedrehten Fleischs dazugeben oder kleine Mengen Quark oder Hüttenkäse untermengen.

Wir füttern unsere Welpen mit viel Aufwand von Anfang an unabhängig von der Anzahl der Welpen zusätzlich zur Milch, die sie bei der Mutter saugen, mit Welpenmilch aus der Flasche. Zum einen entlastet dies die Mutterhündin sehr, so dass man bei uns keiner Hündin die Strapazen eines Wurfes ansieht. Die Hündin behält immer ein optimales Fell und bleibt insgesamt in bester Verfassung. Bei den Welpen hat es den Vorteil, dass sich alle, auch die schwächeren des Wurfs, durch mehrmaliges tägliches Zufüttern mit der Flasche sehr gleichmäßig entwickeln können. Auch hier lohnt sich für Welpen und Mutterhündin der deutliche Mehraufwand. Zudem füttern wir unseren Welpen bereits nach 14 Tagen kleinste Mengen von frischem Rindertartar – jeder Welpe bekommt nur abends eine ganz kleine Tartarkugel. Wichtig ist, dass es nur kleinste Mengen für jeden Welpen sind, auch wenn die Kleinen sehr gierig danach sind. Erst ab etwa dem 18. Lebenstag beginnt nämlich die Salzsäurebildung im Magen, die für die Verdauung von tierischem Eiweiß unerlässlich ist.

Im Alter von vier Wochen sind Welpen bereits in der Lage, auch feste für sie geeignete Nahrung aufzunehmen. Hierbei ist darauf zu achten, dass man bei der Wahl eines Fertigfutters ein Futter wählt, das den Welpen nicht zu schnell wachsen lässt. Dies ist insbesondere bei den größeren Rassen sehr wichtig, denn ein zu schnelles Wachstum schadet dem Knochenbau und erhöht beispielsweise unter anderem das Risiko für Hüftgelenksdysplasie. Mit einem Fertigfutter, dessen Rohproteinanteil bei etwa 25 % liegt, beugt man einem zu schnellen Wachstum vor. Die Endgröße eines Hundes ist ohnehin genetisch festgelegt und somit nicht über die Fütterung zu beeinflussen.

Der Rohproteingehalt von Fertigfutter für Welpen mittelgroßer Rassen und insbesondere großer Rassen sollte nicht höher als bei ca. 25 % liegen. Für kleinere Rassen darf er höher liegen.

Das Beifutter wird den Welpen getrennt von der Mutter zugeteilt, damit die Kleinen ungestört fressen können. Bemerkenswert ist die Tatsache, dass manche Hündinnen rund vier Wochen nach der Geburt ihr eigenes Futter erbrechen. Dieses Verhalten führt man auf die Urahnen, die Wölfe zurück, die den Welpen in diesem Alter damit ihr bereits vorverdautes Futter anbieten.

In diesem Alter dürfen die Welpen so viel fressen, wie sie möchten. Lassen die Welpen Futter übrig, sollte man das Futter sofort wegräumen, damit es nicht schlecht wird.

Der beste Zeitpunkt, um die Welpen von der Mutter abzusetzen, liegt bei fünf bis sechs Wochen, denn dann bekommen sie vier Mal täglich das Beifutter, an das sie bereits vorher gewöhnt worden sind, als Alleinfutter. Wir selbst geben ab der fünften Woche von den vier Mal täglich verabreichten Beifuttermahlzeiten je zwei Mal Welpentrockenfutter mit einem Proteinanteil von etwa 25 % und zwei Mal frisch zubereitetes Futter auf der Basis von drei Teilen hochwertigen Fleischs (rohes Rindertartar, gekochtes Rindfleisch, gekochtes Huhn, ungeputzter grüner Pansen sehr fein geschnitten im Wechsel) und einem Teil Mix-Flocken mit hohem Maisanteil mit Gemüse in Form von blanchierten und pürierten Karotten und als Obst, das Durchfällen vorbeugt, immer eine bestimmte Menge frisch pürierter Bioäpfel. Zu dem Fleisch mit den Flocken geben wir auch zwischendurch Hüttenkäse. Ab und zu gibt es auch mal Quark mit Honig und püriertem, frischem Obst.

Im Rahmen der frischen Futterzubereitung pürieren wir auch regelmäßig einen kleineren Teil Gartenkräuter wie beispielsweise Rauke, Schnittlauch oder Kresse, um die Welpen bereits damit an geschmackliche Vielfalt in ihrem Futter zu gewöhnen. Diese Art der Fütterung dient nicht nur einer optimalen Versorgung mit allen wichtigen Nährstoffen, sondern schafft durch die unterschiedlichen frischen Geschmackskomponenten die Voraussetzung dafür, dass die Welpen auch für die Zukunft in der Regel problemlos und leicht zu füttern sind. So haben wir selbst mit unserer zweiten, aus Holland stammenden Rhodesian Ridgeback Hündin erlebt, dass sie außer Welpentrockenfutter gar nichts kannte und unsere Dalmatiner ihr, dem »afrikanischen Löwenhund«, erst einmal zeigen mussten, dass Fleisch, Gemüse und Obst auch zum Fressen da sind und sogar schmecken können.

Junge Hunde wachsen sehr schnell und haben einen hohen Energiebedarf. Bis zum fünften Lebensmonat sollten sie deshalb vier Mal täglich gefüttert werden, ab dem fünften Monat wird dann nur noch drei Mal täglich gefüttert. Wenn der Hund neun Monate alt ist, kann man ihn wie einen erwachsenen Hund auch nur zwei Mal pro Tag füttern, wobei wir, wie bereits erwähnt, alle unsere Hunde immer drei Mal pro Tag füttern – aus den bereits eingangs benannten Gründen.

Faustregel:
Welpen bis zum 5. Lebensmonat 4 x täglich füttern
ab dem 5. Lebensmonat 3 x täglich füttern
ab dem 9. Lebensmonat 2 - 3 x täglich füttern

Vitamine und Mineralien müssen ausgewogen gegeben werden. Ausgewogen bedeutet weder ein Zuviel noch ein Zuwenig, da beides gleichermaßen schadet. Wechselt der Welpe dann zu seinen neuen Besitzern, so ist es sehr wichtig, dass die Ernährung, falls dies erwünscht ist, erst allmählich umgestellt wird, damit es nicht zu Verdauungsstörungen kommt. Die Ausgewogenheit liegt gerade beim Welpen bis zum fünften Lebensmonat in der Fütterung von vier Mahlzeiten pro Tag. Zwei Mahlzeiten davon sollten aus einem guten Trockenfutter bestehen, was – wie bereits erwähnt – nicht zu hoch im Rohproteingehalt sein sollte. Denn das gerade in dieser entscheidenden Phase wichtige Ca:P Verhältnis ist mit Hilfe eines guten Trockenfutters sicher gewährleistet. Hier verwenden wir ausschließlich ein Trockenfutter ohne Zusatz von Vitamin K3 und ohne tierische Nebenerzeugnisse mit definierter Proteinquelle. Die anderen beiden Mahlzeiten werden immer frisch zubereitet.

Ein Mehr an Gesamtaufwand in dieser Phase des Heranwachsens in Sachen Ernährung macht sich für die spätere Entwicklung eines Welpen stets positiv bemerkbar, denn das, was hier falsch gemacht wird, lässt sich in der Regel nur noch schwerlich wieder gut machen.

Das Harnsäureproblem als uronephrologische Erbbesonderheit beim Dalmatiner und bei der Englischen Bulldogge

Medizinische Grundfakten sind wichtig, wenn man zu Besonderheiten Stellung nehmen möchte, wie es bei der angeborenen genetischen Stoffwechselbesonderheit bei Dalmatinern und Englischen Bulldoggen der Fall ist. Diese Hunde benötigen eine besondere, harnsäurebilanzierte Ernährung, wenn sie – wie häufig der Fall – mit den Proteinen der Nahrung Probleme haben. Dies drückt sich dann in Kristallen oder Steinen im Urin aus, was langfristig die Niere schädigt. So wird absurderweise zum Beispiel mit natürlichem, purinarmem Futter geworben, welches 500 g Fleisch pro Tag für einen normalgewichtigen Dalmatiner mit 25 - 30 kg Körpergewicht beinhaltet – dabei wären hier maximal 200 g angebracht, wie man aus den Rezepten auf den folgenden Seiten ersehen kann. Dabei scheint es derartigen Ratgebern nicht bekannt zu sein, dass Protein tierischen Ursprungs (Milchprodukte ausgenommen, diese unterliegen einem anderen Abbaumechanismus) über den enzymatischen Abbau schlussendlich zu Harnsäure im Körper abgebaut wird. Es gibt schlicht keine BARF-Ernährung, die im Fall von Harnsteinen oder -kristallen geeignet wäre. Häufig habe ich solche Irrwege bei Hunden angetroffen, die krank in meine Ernährungsberatung kamen, zuvor gebarft wurden und dann bei angemessenem Futter wieder normale Nierenlaborwerte bzw. keine Kristalle mehr im Urin hatten oder sich die Steine aufgelöst hatten. Barft man diese Hunde erneut, geht das Problem von vorne los. Hier gibt es keine Diskussion um das richtige Futter. Das dogmatische reine Barfen ist hier generell nicht angebracht, ja es schädigt den Hund bis hin zum Nierenversagen. Leider findet man hier inkompetente Meinungen nicht nur bei Laien, sondern häufig auch bei Tierärzten. Von der Futtermittelindustrie ganz zu schweigen – hier wird neuerdings von einer renommierten Futtermittelfirma mit einem schönen

Bildchen für Dalmatiner-Futter geworben, welches die Proteinquelle nicht benennt und den Proteinanteil viel zu hoch ansetzt.

Barfen, wie auch jede andere Fütterung mit einem zu hohen Fleischanteil, ist für Dalmatiner wegen des generell viel zu hohen Protein- und Phosphorgehaltes absolut ungeeignet!

Was sind Purine allgemein? Wie kommt es zur Harnsäureausscheidung?

Der Organismus produziert ständig Harnsäure in allen Körperzellen. Harnsäure entsteht bei Ab- und Umbauprozessen, dem sogenannten physiologischen Zellabbau. Ein Organismus besteht aus mehreren tausend Milliarden Zellen. Da wird eine Menge Harnsäure produziert. Mit dem Blut gelangt die Harnsäure dann in Niere und Darm. Dort wird sie herausgefiltert und ausgeschieden. Die Harnsäure steht aber erst am Ende der Reaktionskette des Zellabbaus. In jeder Zelle im Organismus sind im Zellkern alle Erbinformationen gespeichert. Die Informationen befinden sich in den Chromosomen. Die Chromosomen bestehen aus DNS (Desoxyribonukleinsäure) oder der RNS (Ribonukleinsäure). Die gesamte Erbinformation ist wie in einem Computer codiert. Der Code besteht nur aus vier verschiedenen »Einzelteilen«, die unterschiedlich zusammengesetzt sind. Die Einzelteile sind die Basen Adenin, Guanin, Thymin und Cytosin. Die Basen Thymin und Cytosin sind die Pyrimidinbasen. Die Basen Adenin und Guanin werden Purinbasen genannt. Purine stecken also in jeder Zelle, ob Mensch, Tier oder Pflanze. Dabei gilt: Je höher ein Lebewesen entwickelt ist, desto mehr Erbsubstanz ist in den Zellen notwendig, um alle Informationen zu speichern. Bei Pflanzen sind das daher nicht so viele wie bei hoch entwickelten Säugetieren oder dem Menschen. Wenn wir Pflanzen essen, dann enthält die Nahrung nur wenig Purine, die ja ein Teil der Erbinformation ausmachen. Besteht die Ernährung aus viel Fleisch und wird häufig Fleisch verzehrt, so muss der Organismus größere Mengen an Purinen verarbeiten. Die Purine aus dem Stoffwechsel in den Zellen und die Purine aus der Nahrung werden in einem Abbau größtenteils zu Hypoxanthin umgewandelt. Mit Hilfe des Enzyms Xanthinoxidase wird Hypoxanthin zu Xanthin und schließlich zu Harnsäure verarbeitet.

Um die Problematik des Dalmatiners besser zu verstehen, ist ein kleiner Ausflug in die Chemie der Verdauung hilfreich:

Beim enzymatischen Proteinabbau entstehen Harnstoff und Harnsäure. Proteine sind Eiweißstoffe, hochmolekulare Verbindungen aus Aminosäuren und unverzichtbare Bestandteile eines jeden Körpers. Essenzielle (lebensnotwendige) Aminosäuren, die vor allem aus Tieren und Pflanzen stammen, müssen mit der Nahrung zugeführt werden. Die Verdauung von Proteinen erfolgt im Magen und im Dünndarm. Das Protein wird in die Aminosäuren aufgespalten, dieser Vorgang wird als Hydrolyse bezeichnet. Zur Aufspaltung werden Verdauungsenzyme benötigt, die sogenannten Hydrolasen (auch Peptidasen genannt) sowie die Proteinasen. Beispiele für solche Verdauungsenzyme sind das im Magensaft enthaltene Pepsin sowie das im Darmsaft enthaltene Trypsin und Chymotrypsin. Die durch Hydrolyse der Proteine erhaltenen Aminosäuren werden zum Aufbau körpereigener Proteine verwendet. Das, was nicht benötigt wird und daher überschüssig ist, wird zur Energiegewinnung »verbrannt« und unter anderem in auszuscheidende Stickstoffverbindungen wie Harnstoff, Harnsäure und Ammonium-Ionen überführt. Da letztere in größeren Mengen zelltoxisch sind, wird der größte Teil von ihnen in einem äußerst komplizierten, vielstufigen Reaktionszyklus zu Harnstoff umgewandelt. Harnstoff und Harnsäure werden über die Niere ausgeschieden.

Bei den meisten Hunderassen wird Harnsäure bei der Leberpassage zum größten Teil zu Allantoin umgewandelt, welches gut nierengängig ist. Nur bei Dalmatinern und Englischen Bulldoggen erfolgt dies nicht in normalen Umfang. Alle Hunde der Rassen Dalmatiner und Englische Bulldoggen scheiden generell vermehrt Harnsäure über den Urin aus, da die Allantoinbildung bei ihnen aufgrund eines Uricasemangels reduziert ist. Im Vergleich zu anderen Rassen (2 - 10 mg/kg Körpergewicht) scheidet der Dalmatiner 21 - 65 mg/kg Körpergewicht Harnsäure aus. Das Resultat ist eine von der Art der Nahrung abhängige Menge von Harnsäure, die sich im Urin lösen muss.

Diese generell erhöhte Harnsäureausscheidung muss nicht zwangsläufig zu Harnsteinen führen, ist aber ein stark begünstigender Faktor zur Bildung von Kristallen und Grieß, der Vorstufe von Steinen. Die Lösungsfähigkeit der Harnsäure ist von der Flüssigkeitszufuhr abhängig, aber auch vom pH-Wert des Urins. Bei Harnsäuresteinen ist der Urin durch die protein-/phosphorreiche Nahrung meist sauer bis neutral. Auf purinreiche (harnsäurereiche) Nahrung wie beispielweise Innereien, Fisch, Hefe, etc. (siehe Purintabelle S. 188) sollte beim Dalmatiner aufgrund seiner Disposition generell verzichtet werden.

Seit Neuestem gibt es einen Gentest mit der Abkürzung »HUU« für die Hyperurikosurie und Hyperurikämie. Die um das zwei- bis vierfache erhöhte Ausscheidung von Harnsäure liegt bei Hunden vor, die die Mutation im SLC2A9-Gen homozygot tragen. HUU wird autosomal-rezessiv vererbt. Das bedeutet, dass ein Hund nur erkrankt, wenn er je ein betroffenes Gen von Vater und Mutter erhalten hat. Der Dalmatiner ist immer homozygot betroffen, das heißt, hier sind immer Vater und Mutter Träger des Gens. Daher ist dieser Test momentan für Dalmatiner, wie sie bislang gezüchtet werden, nicht relevant. In den USA gibt es derzeit ein Kreuzungsprojekt mit Dalmatinern und Pointern, um zu sehen, ob man das bestehende Problem in der Dalmatinerzucht damit vielleicht lösen könnte. Bisher gibt es jedoch noch keine gesicherten Ergebnisse. Der Gentest ist aber für andere Rassen bedeutsam, wenn es um die Frage der Vererbbarkeit geht und man ausschließen möchte, dass im Falle der verantwortungbewussten Verpaarung nicht beide Elterntiere Träger dieser genetischen Defekte sind, der insbesondere auch verstärkt bei Bulldoggen und Schwarzen Russischen Terriern bislang nachgewiesen wurde.

Warum brauche ich für den Dalmatiner eine andere Berechnungsgrundlage?

Der tägliche Mindestbedarf an Protein für den Erhaltungsstoffwechsel eines ausgewachsenen Hundes anderer Rassen mit normaler Belastung liegt bei 2 Gramm pro Kilogramm Körpergewicht. Selbstverständlich benötigen heranwachsende Hunde ebenso wie tragende oder milchgebende Hündinnen mehr. Bei der Berechnung der täglichen Eiweißmenge ist alles, was Proteine enthält, mit einzubeziehen.

Beispiel:
Ein Dalmatiner wiegt 25 kg, d. h. er dürfte 50 g Rohprotein pro Tag bekommen. Würde man mageres Rindfleisch nehmen, das ca. 20 % Rohprotein hat, dürfte er ohne jede andere Eiweißzufuhr 250 g dieses Fleischs bekommen. Da es aber nahezu kein Nahrungsmittel ohne Proteine gibt, liegt man, wenn man zwei bis drei Mahlzeiten (1 - 2 Nebenmahlzeiten, 1 Hauptmahlzeit) pro Tag gibt, mit einer Fleischmenge zwischen 100 - 150 g bei einem gesunden und ausgewachsenen Dalmatiner in jedem Fall im erwünschten Bereich, was den Mindestbedarf an Protein im Erhaltungsstoffwechsels anbelangt. Wenn man wie wir eine Nebenmahlzeit mit einem geeigneten Fertigfutter ergänzt, muss man diese zusätzlich verfütterte Menge Rohprotein ebenso berücksichtigen, um die erwünschte tägliche Eiweißzufuhr nicht zu überschreiten.

Gleiches muss man ganz besonders beachten bei den sogenannten Belohnungen oder dem »Kauvergnügen« wie z. B. Schweineohren, die fast alle einen sehr hohen Proteingehalt haben. Und beim Proteinabbau entsteht ja, wie wir gesehen haben, wiederum Harnsäure. Aus diesem Grund füttern wir unseren erwachsenen Hunden als Belohnung Äpfel oder Karotten oder zur Zahnpflege gut getrocknetes hartes Brot (im Backofen bei ca. 80 Grad wird der Trocknungsprozess beschleunigt) oder Katharinas selbstgebackene superleckere Barren (s. Rezept S. 156).

Mit der Berechnung des Proteinbedarfs allein wird man der Harnsäureproblematik des Dalmatiners allein aber nicht gerecht, da die so wichtigen Purine dabei noch nicht berücksichtigt sind. Diese müssen unbedingt in Betracht gezogen werden.

Dies kann man im Anhang in der Purintabelle entnehmen (Harnsäuregehalt der Nahrungsmittel). In den Rezepten findet sich diese Berechnungsgrundlage in feiner Abstimmung wieder. Nachfolgend wird grundsätzlich auf die Berechnungsgrundlage des Harnsäuregehaltes verwiesen, da es sich dabei um eine leichter verständliche Berechnungsgrundlage handelt, obwohl in der Nahrung primär die Harnsäure nicht vorhanden ist, sondern nur Bestandteile der Nahrung, die zu Harnsäure abgebaut werden.

Entscheidet man sich zur generellen Fütterung von Fertigfutter, so sollte beim ausgewachsenen Dalmatiner (ab 1,5 Jahren) ein Futter gewählt werden, dessen Rohproteingehalt nicht über 20 % liegt, besser etwas darunter. Und auch dann sollte es weder Innereien noch Fisch enthalten, da in beidem der Harnsäuregehalt (Puringehalt) sehr hoch liegt. Bislang gibt es kein Fertigfutter, das den Harnsäuregehalt pro 100 g angibt. Die 20 % Rohproteingehalt des Fertigfutters kann man gut noch weiter reduzieren, indem man zwei Teile Fertigfutter nimmt und ein Teil Kohlenhydrate in Form von Kartoffeln, Nudeln, Reis, Maisgrieß oder Karotten, Äpfel o. Ä., die kein Protein enthalten. Hier sind der Fantasie keine Grenzen gesetzt. Es sollten nur grundsätzlich proteinarme, purinarme und phosphorarme Zusätze sein (siehe Tabellen S. 188 f.).

Unserer Erfahrung nach sind ca. 300 mg Harnsäuregehalt als Berechnungsgrundlage pro Tag für eine gesunde und ausgewogene Fütterung beim ausgewachsenen und gesunden Dalmatiner ein optimaler Wert.

Beim älteren Dalmatiner ab sieben Jahren sollte die Menge an Rohprotein deutlich unter 20 % liegen, am besten bei ca. 15 %.

Unsere Dalmatiner bekommen im Rahmen der ersten Nebenmahlzeit, nämlich morgens, ein Brötchen mit olivenölhaltiger Margarine, Kräuterbutter, Frischkäse oder auch mal Schmalz. Die Ausgewachsenen bekommen ein Vollkornbrötchen, alle Hunde ab sieben Jahren bekommen wegen des geringeren Phosphatanteils ein helles Brötchen. Die zweite, mittags gegebene Nebenmahlzeit besteht bei uns aus 50 bis maximal 100 g Fertigfutter mit einem halben Apfel oder anderem Obst. Anstelle von Fertigfutter geben wir gelegentlich auch 100 bis 150 g Quark mit Obst (keine Bananen wegen der zu hohen Harnsäure, s. Tabelle S. 188). Als Fertigfutter nehmen wir für unsere ausgewachsenen Dalmatiner eins mit 19,8 % Rohprotein und nur 0,75 % Phosphor, für unsere älteren Dalmatiner ab sieben Jahren Nierendiätkroketten mit 12,7 % Rohprotein und nur 0,25 % Phosphor. Abends gibt es bei uns die immer frisch zubereitete Hauptmahlzeit. Wenn es ausnahmsweise einmal schneller gehen muss, nehmen wir eine kommerzielle Flockengrundlage mit einem Rohproteinanteil zwischen 8 und 11 %. Wichtig ist, dass der Rohproteinantel eher unter 10 % liegt bzw. nicht über 12 %.

Phosphor und Phosphat: Eine kurze Erläuterung beider Begriffe

Im Organismus kommt Phosphor nur in bestimmten Verbindungen, den sogenannten Phosphaten, vor. Wenn man von Phosphor im Blut oder Harn spricht, meint man damit den Phosphor in diesen Verbindungen. Dies ist zwar chemisch nicht korrekt, aber im klinischen Sprachgebrauch üblich. Der Phosphorgehalt des Blutes oder des Harns sollte eigentlich korrekt als Phosphat oder anorganisches Phosphat bezeichnet werden.

Phosphor (P) und Kalzium (Ca) spielen bei der gesunden Fütterung eine wichtige Rolle. Sie sind beispielsweise unerlässlich für den Aufbau von Knochen und Zähnen. Dabei ist insbesondere das richtige Ca/P Verhältnis von großer Bedeutung. Nach einschlägigen veterinärmedizinischen Empfehlungen liegt ein richtiges Ca/P-Verhältnis bei 1,3:1 bis 2:1. Kleine

Abweichungen werden ohne Probleme toleriert. Ein permanenter Phosphorüberschuss beeinträchtigt die Absorption von Kalzium sowie von Magnesium, Zink und Eisen. Die Absorption von Phosphor wird im Gegensatz zum Kalzium nicht dem Bedarf entsprechend reguliert. Somit muss Phosphor bei überhöhter Aufnahme über die Nieren eliminiert werden. Dadurch können bei permanentem Phosphorüberschuss die Nieren so stark belastet werden, weil sie ständig »auf Hochtouren« arbeiten müssen, dass es langfristig zu irreversiblen Nierenschäden in Form von Nierenversagen kommt. Ein ständiger Phosphorüberschuss bedeutet für die Nieren ungefähr das, was ständiges Fahren mit Vollgas für einen Motor bedeutet. Das gilt nicht nur für Dalmatiner, sondern für alle Hunderassen! Wichtig zu wissen ist: Die Phosphorzufuhr über die Nahrung steht im engen Zusammenhang mit der Eiweißzufuhr, d. h. eiweißreiche Nahrungsmittel enthalten auch viel Phosphor.

Der Puringehalt der Nahrungsmittel wird als gebildete Harnsäuremenge angegeben. Dieser Wert gibt an, wie viel Harnsäure durch die im Nahrungsmittel vorhandenen Purinmengen gebildet wird.

- Als harnsäurearm bezeichnet man eine Ernährung mit maximal 500 mg gebildeter Harnsäure pro Tag.
- Als streng harnsäurearm bezeichnet man eine Ernährung mit maximal 300 mg gebildeter Harnsäure pro Tag.

Diese Werte gelten im Humanbereich bezogen auf ein Durchschnittsgewicht von 75 kg.

Das ideale Ca/P-Verhältnis in der Hundeernährung liegt bei 1,3:1 bis 2:1.

Wir ernähren unsere ausgewachsenen und gesunden Dalmatiner seit Jahren mit besten Erfahrungen mit rund 300 mg Harnsäure pro Tag. Aus diesem Grund bekommen unsere Dalmatiner je nach Körpergewicht und Alter im Rahmen der Hauptmahlzeit als Proteinlieferant zwischen 100 - 150 g Fleisch pro Tag oder anstelle von Fleisch zwei bis drei Mal pro Woche bevorzugt 200 g Hüttenkäse (körniger Frischkäse) oder 200 g Quark, weil Milchprodukte hochwertige kalziumreiche Eiweißquellen sind und nur minimale oder gar keine Harnsäure enthalten.

Bei dieser Art der Fütterung ist alles zu meiden, was einen hohen Puringehalt hat, so beispielweise auch Innerein, die wertvolle Vitamin B-Lieferanten sind. Daher geben wir unseren Hunden täglich und individuell nach Bedarf abgestimmt bevorzugt qualitativ hochwertiges Multivitamin-Mineralstoff-Spurenelemente-Präparat aus dem Humanbereich und immer zusätzlich täglich Vitamin B-Kombinationspräparat auch aus dem Humanbereich. Die Multivitamin-Dragees von Eunova® haben eine optimale und ausgewogene Zusammensetzung an Vitaminen, Mineralstoffen und Spurenelementen und enthalten keine unnötige Beigabe von Protein, wie dies bei Veterinärpräparaten fast immer der Fall ist. Daher kann das von uns empfohlene Präparat auch bei Eliminationsdiäten oder bei Hunden mit Harnkristallen u.v.m. eingesetzt werden.

Zur Übersicht und zum Nachschlagen befinden sich eine Purin- und Harnsäuretabelle und ebenso eine Tabelle mit Rohprotein, Phosphor und Kalzium am Ende des Buches. Die Angaben stammen größtenteils von der Deutschen Forschungsanstalt für Lebensmittelchemie. Zusätzlich folgt im Anschluss ein extra Kapitel nur mit Rezeptvorschlägen für ausgewachsene und gesunde Dalmatiner, um aufzuzeigen, wie abwechslungsreich die Zubereitung sein kann.

Ernährung des gesunden Dalmatiners

Bzw. Leber- und Nierendiät für andere Rassen

In diesem Kapitel finden Sie zahlreiche praktische Rezepte, die speziell zur protein- und purinarmen Ernährung von Dalmatinern und Englischen Bulldoggen geeignet sind. Einige davon sind mit abgeänderten Proteinmengen (siehe Angaben in Klammern) teils als Leberdiät oder auch als Nierendiät mit »Ungefähr-Angaben« für alle Rassen geeignet.

Achten Sie darauf, dass in diesem Fall die Diät immer individuell nach den tierärztlich ermittelten Laborwerten des Hundes errechnet werden muss, wie ich es in meiner Ernährungsberatung anbiete. Die hier genannten Mengen stellen lediglich Anhaltspunkte dar. Auch im Verlauf der Diät müssen die Laborwerte immer wieder überprüft werden.

- Neben dem immer zugänglichen Wasser am besten breiähnliches Futter geben, um die Flüssigkeitsversorgung zu optimieren.
- Fleisch am besten püriert geben, so schmeckt das Futter besser.
- **Ungeeignet** im Rahmen dieser Diät sind trockenes Obst, Haferflocken, Amarant, Bierhefe, Weizenkeime und Weizenkleie.

Rezeptvorschläge für die Hauptmahlzeit mit etwa 300 mg Harnsäure pro Tag

- Die Rezepte sind bemessen für einen Dalmatiner (25 kg - 30 kg) bei mittlerer Aktivität.
- Sollte Ihr Hund abnehmen oder zunehmen, können Sie das Gewicht durch ein Plus oder Minus bei den Kohlenhydraten ausgleichen.
- Kartoffeln werden gekocht und können dann mit Schale verfüttert werden.
- Nudeln, Spätzle und Reis werden ungekocht bemessen, aber gekocht verfüttert.

- Die Fleischmenge darf generell nicht erhöht werden!
- Bei den Angaben der Kohlenhydrate bezieht sich die Menge auf einen Hund mit 25 kg, in Klammern für 30 kg.
- Bei Leber- und Nierendiäten sind die Fleischmengen bzw. Mengen an Milchprodukten stets als Tagesbedarf an Rohprotein zu sehen, der nicht überschritten werden sollte.

Fleischgerichte

Die Kartoffel als Basenbildner bildet bei den Fleischgerichten eine ideale Kohlenhydratgrundlage, weil sie nicht nur sehr wertvolle Nährstoffe enthält, sondern auch deutlich weniger Purine enthält als Nudeln oder auch Reis. Vollkornprodukte sollten nicht zusammen mit Fleischgerichten verwendet werden, da sie alle einen recht hohen Puringehalt haben (siehe Tabelle S. 188).

Corned Beef mit Nudeln und grünen Bohnen

Bei Reduktion des Corned Beef auf max. 100 g bei 25 kg/(120 g bei 30 kg) Tagesration verteilt auf drei Fütterungen als Leberdiät geeignet.

Zutaten:
200 g Corned Beef (enthält 110 mg Harnsäure)
125 - 150 g Nudeln (keine Vollkornnudeln)
1 Frauenhand voll grüne Bohnen
kaltgepresstes Olivenöl
etwas grüne Kresse

Zubereitung:
Die Nudeln weich kochen. Die grünen Bohnen zerkleinern und in wenig Wasser blanchieren. Das Corned Beef klein schneiden und mit dem Olivenöl kurz anbraten, dann die blanchierten Bohnen mit den Nudeln und dem Corned Beef mischen. Zuletzt fein geschnittene Kresse darunterziehen.

Gekochte Hasenkeule mit Kartoffeln und Karotten

Bei Reduktion der Hasenkeule auf max.100 g bei 25 kg/max. 120 g bei 30 kg Tagesration verteilt auf drei Fütterungen auch als Leberdiät geeignet.

Zutaten:

200 g Hasenkeule (enthält 210,0 mg Harnsäure)
5 - 6 (6 - 7) mittelgroße Kartoffeln (geringe Menge Harnsäure)
1 große Karotte
⅓ (½) Bund Petersilie (55 mg Harnsäure / 100 g)
Gemüsebrühe
Esslöffel kaltgepresstes Olivenöl
1 keine Knoblauchzehe
etwas getrockneter Thymian (enthält mehr Kalzium als frischer und ist ganzjährig verfügbar)

Zubereitung:

Kartoffeln kochen, pellen und Schale pürieren. Die Hasenkeule mit dem zerkleinerten Knoblauch und einer kleinen Menge eines Brühwürfels kochen. Die Karotte gut zerkleinern und 10 Minuten vor Beendigung der Garzeit zur Hasenkeule geben. Das Hasenfleisch von dem Knochen lösen. Das fein geschnittene Fleisch mit der Brühe und der Karotte mit den Kartoffeln mischen. Zuletzt die fein geschnittene Petersilie mit dem Olivenöl dazugeben und den Thymian untermischen. Handwarm füttern.

Anstelle des Hasen kann man auch vom Reh (preiswert über Jäger) etwas in gleicher Menge verwenden, da Reh die gleiche Menge an Harnsäure wie Hase in mg/100 g enthält.

Gekochte Rinderbrust mit Kartoffeln, Fenchel und Parmesankäse

Bei Reduktion der Rinderbrust auf max. 100 g bei 25 kg/(120 g bei 30 kg) Tagesration verteilt auf drei Fütterungen als Leberdiät und Nierendiät geeignet.

Zutaten:

200 g Rinderbrust (enthält 180 mg Harnsäure)
5 - 6 (6 - 8) mittelgroße Kartoffeln
1 mittelgroßer Fenchel
½ Bund Schnittlauch (65 mg Harnsäure/100 g)
Gemüsebrühe
etwas Parmesankäse
1 Esslöffel kaltgepresstes Olivenöl
etwas getrockneter Rosmarin

Zubereitung:

Die Kartoffeln kochen, pellen und pürieren. Die klein geschnittene Rinderbrust mit einer geringen Menge eines Brühwürfels kochen. Den Fenchel gut zerkleinern und 10 Minuten vor Beendigung der Garzeit zu der Rinderbrust geben. Den Schnittlauch fein zerkleinern und mit etwas geriebenen Parmesankäse mit den Kartoffeln und der Rinderbrust mit dem Fenchel mischen. Zuletzt Rosmarin daruntermischen und den Esslöffel Olivenöl dazugeben. Handwarm füttern.

Ungeputzter Pansen mit Kartoffeln und Roten Beten

Zutaten:

150 g ungeputzter Pansen, roh (enthält 210 mg Harnsäure)
5 - 6 (6 - 7) mittelgroße Kartoffeln
2 Bällchen Rote Bete (je nach Gewicht ca. 40 - 60 mg Harnsäure)
1 Esslöffel kaltgepresstes Olivenöl
etwas getrockneter Salbei

Zubereitung:

Kartoffeln kochen, pellen und pürieren. Den ungeputzten Pansen entweder fein schneiden oder fein durchdrehen. Die Roten Bete leicht kochen oder bereits vorgekocht kaufen, dann pürieren. Den Pansen mit den Kartoffeln mischen und den Salbei dazugeben. Zuletzt den Esslöffel Olivenöl dazugeben.

Hühnerschlegel in Tomatensoße mit Kartoffeln, Karotten und Zucchini

Bei Reduktion des Hühnerschlegels auf max. 100 g bei 25 kg/(120 g bei 30 kg) Tagesration verteilt auf drei Fütterungen als Leberdiät und Nierendiät geeignet.

Zutaten:

200 g Hühnerschlegel mit Haut (enthält 220 mg Harnsäure)
5 - 6 (6 - 7) mittelgroße Kartoffeln
1 große Karotte
1 mittelgroße Zucchini (25 mg Harnsäure/100 g)
½ Dose geschälte, bereits zerkleinerte Tomaten
1 kleine Knoblauchzehe
1 Esslöffel kaltgepresstes Olivenöl
etwas getrockneter Basilikum

Zubereitung:

Die Kartoffeln kochen, pellen und pürieren. Den Hühnerschlegel mit der zerkleinerten Knoblauchzehe und den geschälten Tomaten kochen, gegebenenfalls noch ein wenig Wasser dazugeben. Die Karotte und die Zucchini gut zerkleinern und 10 Minuten vor Beendigung der Garzeit zu dem Hühnerschlegel geben. Das Hühnerfleisch von dem Knochen lösen. Das fein geschnittene Fleisch mitsamt Tomatensud und Gemüse mit den Kartoffeln mischen. Zuletzt kommen getrocknetes Basilikum und das Olivenöl dazu. Handwarm füttern.

Ente mit Kartoffeln und Karottenapfelgemüse

Zutaten:
150 g Ente (enthält 207 mg Harnsäure)
5 - 6 (6 - 7) mittelgroße Kartoffeln
1 große Karotte
1 großer Apfel
Gemüsebrühe
1 Esslöffel kaltgepresstes Rapsöl

Zubereitung:
Die Kartoffeln kochen, pellen und pürieren. Die Ente mit einer kleinen Menge eines Brühwürfels kochen. Die Karotte und den Apfel gut zerkleinern und 10 Minuten vor Beendigung der Garzeit zur Ente geben. Die Ente vom Knochen lösen und mit den pürierten Kartoffeln und mit dem Karottenapfelgemüse mischen. Zuletzt den Esslöffel Öl dazugeben. Handwarm füttern.

Gebratene Rinderschulter mit Kartoffeln, Feldsalat und Salatgurke

Zutaten:
200 g Rinderschulter (enthält 220 mg Harnsäure)
5 - 6 (6 - 8) mittelgroße Kartoffeln
1 knappe Frauenhand voll Feldsalat (40 mg Harnsäure/100 g)
½ mittelgroße Salatgurke
kaltgepresstes Olivenöl
etwas getrocknetes Dillkraut

Zubereitung:
Die Kartoffeln kochen, pellen und pürieren. Die Rinderschulter in feine Streifen schneiden und mit Olivenöl in der Pfanne anbraten. Die Salatgurke kann entweder püriert werden oder wird auf der Gemüsereibe fein gerieben. Die pürierten Kartoffeln werden mit dem angebratenen Rindfleisch und mit der fein zerkleinerten Gurke gemischt. Zuletzt wird der fein geschnittene Feldsalat und das getrocknete Dillkraut dazugegeben. Handwarm füttern.

Kaninchen mit Kartoffeln und Kohlrabi-Karotten-Gemüse

Bei Reduktion des Kaninchens auf max. 100 g bei 25 kg/(120 g bei 30 kg) Tagesration verteilt auf drei Fütterungen als Leberdiät und Nierendiät geeignet.

Zutaten:
150 g Kaninchen (enthält 217,5 mg Harnsäure)
5 - 6 (6 - 7) mittelgroße Kartoffeln
1 kleiner Kohlrabi (25 mg Harnsäure/100 g) (bei Leber- und Nierendiät durch Fenchel ersetzen)
1 große Karotte
etwas getrockneter Thymian
Gemüsebrühe
1 Esslöffel geriebener Emmentaler Käse (nicht bei Nierendiät)
1 Esslöffel kaltgepresstes Rapsöl

Zubereitung:

Die Kartoffeln kochen, pellen und pürieren. Das Kaninchen mit einer geringen Menge eines Brühwürfels kochen. Die Karotte und den Kohlrabi gut zerkleinern und 10 Minuten vor Beendigung der Garzeit zu dem Kaninchen geben. Das klein geschnittene Kaninchen mit dem Gemüse und den Kartoffeln mischen und den Emmentaler Käse sowie das Rapsöl und den getrockneten Thymian dazugeben. Handwarm füttern.

Gebratene Putenschnitzel und Bratkartoffeln

Bei Reduktion der Putenschnitzel auf max. 100 g bei 25 kg/(120 g bei 30 kg) Tagesration verteilt auf drei Fütterungen als Leberdiät und Nierendiät geeignet.

Zutaten:
150 - 200 g Putenschnitzel (enthält 180 - 240 mg Harnsäure)
5 - 6 (6 - 8) mittelgroße Kartoffeln
1 mittelgroße Salatgurke (bei Leberdiät durch eine Karotte ersetzen)
Gänseschmalz oder Hubertusschmalz (wenig Gänseschmalz bei Leberdiät)
wahlweise Olivenöl (bei Leberdiät besser geeignet)
etwas getrockneter Thymian und Rosmarin

Zubereitung:
Die Kartoffeln kochen und mit der Schale in feine Scheiben schneiden. Die Putenschnitzel in feine Streifen schneiden und entweder mit Schmalz oder mit Olivenöl und dem fein geschnittenen Thymian und Rosmarin in der Pfanne anbraten und dann die in feine Scheiben geschnittenen Kartoffeln kurz mitbraten. Zuletzt die pürierte oder auf der Gemüsereibe ganz fein geriebene Salatgurke dazugeben. Handwarm füttern.

Fischgerichte

Aufgrund des hohen Puringehalts anderer Fischsorten kommen hier nur Kabeljau, Dorsch und Zander in Frage.

Kabeljau mit Kartoffeln und Tomaten

Bei Reduktion des Kabeljaus auf max. 100 g bei 25 kg/(120 g bei 30 kg) Tagesration verteilt auf drei Fütterungen als Leberdiät und Nierendiät geeignet.

Zutaten:
200 g Kabeljau (enthält 220 mg Harnsäure) oder Dorsch
5 - 6 (6 - 8) mittelgroße Kartoffeln
½ Dose geschälte, bereits zerkleinerte Tomaten
kaltgepresstes Olivenöl
1 Teelöffel Parmesankäse (nicht bei Nierendiät)
etwas Basilikum

Zubereitung:
Die Kartoffeln kochen, pellen und pürieren. Den Kabeljau mit Olivenöl anbraten und danach beim Zerkleinern gut die Gräten entfernen. Den Kabeljau mit den Kartoffeln und den bereits zerkleinerten Tomaten mischen und etwas Parmesankäse mit dem fein zerkleinerten Basilikum darunterziehen.

Zander mit Bratkartoffeln

Bei Reduktion des Zanders auf max. 100 g bei 25 kg/(120 g bei 30 kg) Tagesration verteilt auf drei Fütterungen als Leberdiät und Nierendiät bei CNI geeignet. Anstatt Zander kann auch Kabeljau verwendet werden.

Zutaten: 200 g Zander oder Kabeljau (enthält 220 mg Harnsäure)
5 - 6 (6 - 8) mittelgroße Kartoffeln
1 Salatgurke (bei Leberdiät durch Karotte oder Fenchel ersetzen)
kaltgepresstes Olivenöl
etwas Rucola

Zubereitung:

Die Kartoffeln kochen, pellen und in feine Scheiben schneiden. Den Zander in Olivenöl anbraten und danach beim Zerkleinern gründlich alle Gräten entfernen. Die fein geschnittenen Kartoffelscheiben kurz anbraten und dann mit dem zerkleinerten Zander mischen. Die Salatgurke kann entweder püriert werden oder wird auf der Gemüsereibe fein gerieben und zu den Bratkartoffeln und dem Zander gegeben. Zuletzt kommt fein zerkleinerter Rucola dazu.

Vegetarische Gerichte

Ein bis zwei Mal pro Woche gesund und empfehlenswert

Gebratene Nudeln mit Ei

Zutaten: 150 g (180 g - 200 g) Nudeln (als Nierendiät geeignet),
keine Vollkornnudeln!
1 Ei - 2 Eier
2 Esslöffel Milch
bevorzugt Hubertusschmalz, Gänseschmalz oder Kräuterbutter
1 Teelöffel geriebener Käse

Zubereitung:

Die Nudeln kochen und gut abtropfen lassen. In der Pfanne Gänseschmalz oder Hubertusschmalz leicht erhitzen und dann die Nudeln dazugeben. Das Ei mit der Milch vermengen und über den Nudeln verteilen. Zuletzt etwas geriebenen Käse unter die Nudeln mischen.

Bratkartoffeln mit Ei und Hüttenkäse

Bei Reduktion des Hüttenkäses auf max. 150 g bei 25 kg/(200 g bei 30 kg) Tagesration verteilt auf drei Fütterungen und **ohne Ei** als Leberdiät geeignet
Bei Reduktion des Hüttenkäses auf max. 100 g bei 25 kg/(150 g bei 30 kg) Tagesration verteilt auf drei Fütterungen und **mit Ei** als Nierendiät geeignet

Zutaten:
5 - 6 (6 - 8) mittelgroße Kartoffeln
200 g Hüttenkäse
1 Ei
2 Esslöffel Milch
kaltgepresstes Olivenöl

Zubereitung:
Die Kartoffeln kochen, pellen und in feine Scheiben schneiden. Die Kartoffelscheiben in der Pfanne mit Olivenöl anbraten. Dann das Ei mit der Milch vermengen und mit den Kartoffelscheiben in der Pfanne kurz anbraten. Zuletzt Hüttenkäse unter die Bratkartoffeln mischen.

Gemüsekartoffelsuppe mit Apfel

Zutaten:
5 - 6 (6 - 7) mittelgroße Kartoffeln (als Nierendiät geeignet)
2 Eigelb
1 große Karotte
1 Bio-Apfel
Gemüsebrühwürfel (kleine Menge)
Eine Frauenhand voll Suppennudeln
etwas Schmalz (bevorzugt Gänseschmalz oder Hubertusschmalz)

Zubereitung:
Die Kartoffeln weich kochen, pellen und pürieren. Das zerlassene Schmalz unter die pürierten Kartoffeln geben. Die Brühe mit dem Gemüsebrühwürfel dazugeben und alles gut mit einem Schneebesen glatt rühren. Dann die bereits gekochten Suppennudeln dazugeben und zuletzt das Eigelb, die fein geraspelte Karotte und den fein geriebenen Apfel daruntermischen.

Nudeln mit Tomatensoße und Käse

Zutaten: 150 g (180 g - 200 g) Nudeln (als Nieren- und als Leberdiät geeignet)
½ Dose geschälte Tomaten
1 Teelöffel geraspelter Goudakäse
etwas fein gehackte Petersilie
1 Esslöffel kaltgepresstes Olivenöl (bei Nierendiät wahlweise Kräuterbutter)

Zubereitung:

Die Nudeln weich kochen und mit den geschälten Tomaten und dem Esslöffel Olivenöl mischen. Die kleingeschnittene Petersilie mit dem Käse mit den noch warmen Nudeln mischen und auf handwarm zum Füttern abkühlen lassen.

Kartoffelbrei mit Karotten und Zucchini

Zutaten: 5 - 6 (6 - 7) mittelgroße Kartoffeln (als Nierendiät und als Leberdiät ohne Ei geeignet)
2 Eier
1 mittelgroße Zucchini
1 große Karotte
1 Esslöffel kaltgepresstes Olivenöl (bei Nierendiät wahlweise Kräuterbutter)
etwas Milch

Zubereitung:

Die Kartoffeln weich kochen, schälen und pürieren und dann etwas Milch dazugeben und gut mit dem Schneebesen durchschlagen. Die Zucchini und die Karotten in Scheiben schneiden und mit dem Olivenöl in der Pfanne von beiden Seiten anbraten. Das angebratene Gemüse kurz mit den beiden Eiern zusammen braten, dann mit dem Kartoffelbrei mischen und auf handwarm zum Füttern abkühlen lassen.

Caponata mit Naturreis

Zutaten: 1 rote oder 1 gelbe Paprika
1 mittelgroßer Zucchini
1 große Karotte
½ Dose geschälte Tomaten
1 Teelöffel geriebener Parmesankäse
1 Tasse - 1 ⅓ Tassen Naturreis (kochen circa 40 Min., bis der Reis pappig ist)
kaltgepresstes Olivenöl

Zubereitung:

Den Reis in reichlich Wasser weich kochen. Paprika, Zucchini und die Karotte sehr klein schneiden und mit der halben Dose geschälter Tomaten zusammen mit 1 Esslöffel kaltgepresstem Olivenöl blanchieren. Das blanchierte Gemüse mit dem Reis mischen und auf handwarm zum Füttern abkühlen lassen. Zuletzt den geriebenen Parmesankäse darunter mischen.

Frühstücksideen und Ideen für Nebenmahlzeiten

- Cornflakes auf Maisbasis (Reformhaus) mit Bio-Ziegenmilch und etwas Honig
- Körniger Frischkäse mit Apfel und etwas Honig
- Milchreis mit einem kleinen Fruchtjoghurt
- Roggenbrötchen mit Gänseschmalz
- 2 warme Toasts mit Butter und Honig
- 2 warme Vollkorntoastschnitten mit Kräuterquark
- Brötchen mit Frischkäse, kann auch Frischkäse mit gut zerkleinertem Gemüse sein
- Quark mit Apfel, Mandarinen, Kiwi und Honig
- Kräuterquark mit pürierter Karotte
- Kräuterquark mit etwas Knoblauch und pürierten Roten Beten
- Roggenbrötchen mit Kräuterbutter

Honig nur gelegentlich wegen der Zähne.

Katharinas gesunde Zahnpflegebarren

Sehr schmackhaft und besonders gesund!

Zutaten:
3 große Karotten
2 Kugeln Rote Bete
1 kleine Fenchelknolle (gern mit etwas Grün)
2 Stängel Stangensellerie
Kräuter nach Geschmack
(Brennnessel, Löwenzahn, Lavendelblüten)
2 Eier
250 g Quark mit 40 % Fett
¼ Tasse kaltgepresstes Olivenöl
1 Tasse Milch (oder Buttermilch) oder Fleischbrühe
500 g Mehl
zusätzlich etwas Mehl zum Kneten

Zubereitung:
Das Mehl in eine große Schüssel geben und Quark, Eier und Öl hinzufügen. Das Gemüse ebenso wie Brennnessel und Löwenzahn waschen, putzen und dann mit den Lavendelblüten in der Küchenmaschine zerkleinern. Die zerkleinerte »Gemüsekräutermischung« dann ebenfalls zum Mehl geben. Alle Zutaten gut verrühren, dabei Milch zugeben, bis ein Knetteig entsteht. Den Teig aus der Schüssel nehmen und auf einer sauberen Unterlage gut durchkneten. Dabei den Teig immer wieder mit Mehl bestäuben, bis er nicht mehr klebt.

Das Backblech mit Backpapier auslegen und den Teig darauf gleichmäßig ausrollen. Mit einem Teigschaber oder einer sonstigen Form den Teig so vorstanzen, wie man später die Barren haben möchte.

Backofen auf 200 °C vorheizen. Alles auf mittlerer Schiene etwa 45 Minuten backen, dann bei 140 °C noch weitere 45 Minuten fertigbacken. Nach dem Abkühlen die Barren brechen und in einem luftdurchlässigen Behälter noch etwa eine Woche lang trocknen lassen.

Die Ernährung im Krankeitsfall

Ernährungsfehler haben – egal ob kurzfristig, mittelfristig oder häufiger langfristig – immer negative Folgen auf die Gesundheit. Genauso lassen sich in der Regel Krankheiten durch eine gezielte Diät sehr günstig beeinflussen. Auch sind vorbeugende Ernährungsmaßnahmen wie beispielsweise Nierendiäten und Harnsteindiäten mitunter die einzige Möglichkeit, um einer Neuerkrankung erfolgreich zu begegnen.

Der nierenkranke Hund

Die Nieren sind das Ausscheidungsorgan des Körpers und müssen permanent Schwerstarbeit leisten, damit es nicht in kürzester Zeit zur Anhäufung von Stoffen im Blut kommt, die normal über die Niere ausgeschieden werden müssen. Einerseits werden durch feinste Filterung im Blut die Abfallprodukte aus dem Organismus transportiert, andererseits die wichtigsten Eiweiße, Mineralstoffe, Wasser etc. dem Organismus durch Rückgewinnung wieder zugeführt. Da Nierenerkrankungen bis zu einem Funktionsverlust der Nieren von 60 % nahezu ohne erkennbare Symptome verlaufen, bleiben sie oftmals für den Hundebesitzer unbemerkt. Aus diesem Grund ist es ratsam, in jährlichen Abständen (auch dann, wenn sich der Hund unauffällig zeigt) eine Urin- und Blutuntersuchung durchführen zu lassen. Leider bemerkt der Hundebesitzer in der Regel erst dann eine Nierenerkrankung, wenn der Hund bereits deutliche Symptome zeigt, wie sie im Spätstadium einer Nierenerkrankung auftreten – z. B. sehr starken Durst, üblen Mundgeruch, stumpfes Fell, Gewichtsabnahme oder gar häufiges Erbrechen. Hier ist der Tierarzt unbedingt und absolut dringlich aufzusuchen!

Ist eine Nierenerkrankung bereits so fortgeschritten, dass der Hund erbricht, teilnahmslos herumliegt und keinen Hunger mehr zeigt, genügt es in der Regel nicht mehr, die durch das Erbrechen verloren gegangenen Elektrolyte über das Trinkwasser zu ersetzen, sondern der Hund muss in diesem Fall umgehend Infusionen bekommen.

Bei der Fütterung eines nierenkranken Hundes ist unerlässlich, das Futter in mehreren Portionen über den Tag zu verteilen. Außerdem ist von größter Wichtigkeit, dass er immer ausreichende Mengen trinken kann und muss. Allein nur immer frisches Trinkwasser hinzustellen reicht in diesem Fall nicht aus. Es muss schon etwas sein, das der Hund mit Sicherheit trinkt wie beispielsweise mit Wasser verdünnte Milch, Buttermilch, Joghurt-Buttermilch oder handwarme Rinderbrühe bzw. Hühnerbrühe. Es darf ohne Weiteres auch ein wenig salzig sein, denn damit erhöht man gleichzeitig wieder das spätere Verlangen nach Flüssigkeit, die der Hund ja ausreichend zu sich nehmen muss.

Unter den am Markt erhältlichen Fertigdiäten für nierenkranke Hunde wird von einer renommierten Futtermittelfirma mit einer »Natur Spezial Nierendiät« geworben, die zwar einen reduzierten Eiweißgehalt von 5% hat und gleichzeitig mit einem reduzierten Phosphorgehalt wirbt, jedoch als Grundlage Vollkornreis und Haferflocken benutzt, die einen hohen bis extrem hohen Phosphorgehalt haben. Daher Vorsicht bei einer solchen Diät! Sie ist in keinem Fall von Nutzen für Ihren Hund, sondern nur für den Hersteller.

Neben speziellen käuflichen Nierendiäten beim Tierarzt wie beispielsweise stark eiweiß- und phosphorreduziertem Nassfutter in Dosenform (zum Beispiel U/d, K/d von Hills® – die Dosen haben deutlich weniger Protein und Phosphor als das Trockenfutter, daher in jedem Fall nur Dosen und nicht das Trockenfutter nehmen!), kann man auch selbst eine geeignete Diät herstellen. Zu berücksichtigen ist, dass je nach Schwere der Erkrankung der Hund entweder stark proteinreduziert, d. h. zwischen 2 % - 6 % Rohprotein pro 100 g Futter ernährt werden sollte oder sogar nahezu proteinfrei. Das Ziel einer restriktiven Nierendiät ist es, die Eiweißversorgung so gering wie möglich zu halten, da die Eiweißabbauprodukte über die Nieren ausgeschieden werden müssen. Ebenso sollte der Phosphorgehalt des Futters sehr (!) niedrig sein. (s. Phosphor-Tabelle S. 75). Auf eine reichliche Vitamin- und gute Mineralversorgung ist zu achten, jedoch auch hier wieder stets mit sehr geringen Anteilen an Phosphor. Ratsam ist eine tägliche Gabe von Vitaminen aus dem B-Komplex sowie Vitamin C. Eine verminderte Phosphoraufnahme, die ein absolutes Muss ist, kann zum einen mit einem stark phosphorreduzierten Futter erreicht werden und zum anderen zusätzlich mit einem Mittel unterstützt werden, das im Darm Phosphor bindet. Dazu gibt es spezielle Antiphosphattabletten, die Sie in Apotheken erhalten.

Das wenige Protein sollte hochwertig und leicht verdaulich sein. Energieträger im Futter sind dann die phosphorarmen Kohlenhydrate, wie sie auf ideale Weise in der Kartoffel enthalten sind. Fette in Form von Schmalz, Butter und Ölen bereichern das Futter als weitere Energieträger und machen die Nierendiät für den Hund schmackhafter. Von den Fetten bevorzugen wir Schmalz, egal ob Schweineschmalz, Gänseschmalz oder eine im Handel häufig als »Hubertusschmalz« bezeichnete gewürzte Mischung aus beidem. Auch Butter wird gerne gefressen, bevorzugt Kräuterbutter.

Nierendiät mit leichter Eiweiß- und Phosphatrestriktion bei chronischer Niereninsuffizienz

Jede Diät im Krankheitsfall richtet sich nach dem Ausmaß der Erkrankung. Die chronische Niereninsuffizienz verläuft in mehreren Stufen. Hierzu gibt es zugeordnete Laborparameter. Daher muss bei Nierenerkrankungen die Diät immer individuell dem Ausmaß der Erkrankung angepasst sein. Aus diesem Grund sind die Mengenangaben für Fleisch immer nur als »Ungefähr-Angaben« zu betrachten und können nicht allgemein gültig sein.Sie sind mit Dreisatz individuell auf das Gewicht des Hundes umzurechnen. Beispiele für Mengenangaben bei Leber- und Nierendiäten finden Sie unter »Die Ernährung des gesunden Dalmatiners« in Klammern hinter den Dalmatiner-Mengenangaben.

Als Kohlenhydratgrundlage des Futters eignen sich am besten gekochte, pürierte Kartoffeln, die mit Milch und etwas Schmalz zubereitet werden. Alternativ kann man auch hin und wieder Maisgries, gekochten Reis oder gekochte Nudeln geben. Kartoffeln sind aber bevorzugt zu verwenden, weil sie weniger Eiweiß und Phosphor enthalten als Nudeln und

Reis. Vollkornprodukte und Haferflocken dürfen im Rahmen einer Nierendiät wegen ihres zu hohen Phosphorgehaltes nie verwendet werden! Wählen Sie stattdessen Flocken mit einem Rohproteingehalt von 9 % bis maximal 10 %, keinesfalls darüber.

Als Gemüse eignen sich blanchierte, pürierte Karotten sehr gut, hier können Sie sich an den Diätrezepten für Dalmatiner orientieren.

Als Proteinquelle gibt es für einen mittelgroßen (25 kg/30 kg) Hund insgesamt pro Tag zwischen 100 und 120 g Fleisch – nicht mehr! Geeignet sind mit Haut gekochte Hühnerschlegel, in Schmalz angebratene Putenschnitzelstreifen oder gebratenes Hackfleisch – Hühnerbrust ist aufgrund des höheren Phosphorgehalts weniger geeignet. Diese Gesamtmenge an Fleisch wird auf die drei Fütterungen verteilt. Damit alle drei Mahlzeiten stärker nach Fleisch schmecken, pürieren Sie das Fleisch am besten und vermengen es dann mit dem leicht salzigen Kochsud (kleine Menge eines Brühwürfels). Das Futter wird recht feucht, in suppenähnlicher Konsistenz angeboten.

ACHTUNG!

Nierenkranken Hunden niemals Innereien und Muskelfleisch füttern!

Geeignet im Rahmen einer Nierendiät

- Frisches Obst
- Helles Brot oder Brötchen mit Schmalz oder mit Butter und Honig
- Hubertusschmalz (besonders schmackhaft)

Ungeeignet

- Kauartikel wie z. B. Schweineohren, Zahnpflegestreifen oder sonstige Belohnungen
- Geflügelhälse (zu viel Phosphor!)
- Algenpräparate (zu viel Phosphor!)

Als Proteinquelle kann man zur Abwechslung anstelle von Fleisch auch Quark (bevorzugt Kräuterquark) oder Quark mit Honig oder Hüttenkäse verfüttern. Auch dabei sollte die in den Rezepten beim Dalmatiner in Klammern angegebene Diätmenge pro Tag nicht überschritten werden.

Anregungen mit Rezeptbeispielen für abwechslungsreiche Zubereitungen finden Sie unter den Rezepten für die Dalmatiner auf den Seiten 143 - 156. Die dort hinter den Zutaten in Klammern stehenden Mengenangaben sind abgestimmt auf eine Nierendiät mit leichter Eiweiß- und Phosphorrestriktion.

Nierendiät mit starker Eiweiß- und Phosphatrestriktion – nur nach Rücksprache mit Tierarzt und unter Kontrolle des Tierarztes

Bei einem mittelgroßen Hund
Die Kohlenhydratgrundlage bleibt fast gleich, die pürierten Kartoffeln werden aber mit Wasser anstatt mit Milch zubereitet.
Als Eiweißquelle gibt es nur noch ein bis maximal zwei Eier insgesamt pro Tag.

Zum selbst gemachten Kartoffelpüree mischt man Gänseschmalz und gibt ein weichgekochtes Ei dazu. Alternativ kann man Bratkartoffeln mit Schmalz anrösten und ein rohes Eigelb darunterziehen oder gekochte Nudeln in der Pfanne mit Schmalz braten und ein Ei darüberschlagen oder gekochte Nudeln mit Kräuterbutter geben.

- Frisches Obst ist generell geeignet.
- Helles Brötchen oder Toast mit Schmalz, Brot oder Brötchen mit Butter und Honig, oder mit Kräuterbutter oder mit Hubertusschmalz (Mischung aus Gänse- und Schweineschmalz bereits gewürzt).
- Auch hier gilt: Keinerlei Belohnungen oder Kauartikel! Niemals Algenprodukte oder Geflügelhälse (Phosphorbomben)!

Anregungen für Zubereitungen sind teilweise unter den vegetarischen Rezepten für die Dalmatiner zu finden, wobei die Milchprodukte aber weggelassen werden müssen.

Nieren- und Harnsteine

Die Bildung von Harn- und Nierensteinen gehört ebenfalls in den Bereich der Nierenerkrankungen. Auch wenn die Entstehung von Harnsteinen viele Ursachen hat, spielt doch die Ernährung als Auslöser der Steinbildung eine wichtige Rolle. Häufig ist die erhöhte Ausscheidung steinbildender Substanzen auf Fehler in der Ernährung zurückzuführen und kann durch entsprechende diätetische Maßnahmen normalisiert werden. Die Erfahrung zeigt, dass Harnsteine sich gerne immer wieder neu bilden (rezidivieren). Eine Ernährungsumstellung ist unabdingbar für eine erfolgreiche Behandlung sowie für die Verhinderung der Neubildung. Beim Menschen kann man das Risiko einer erneuten Steinbildung von 50 - 70 % durch eine Nahrungsumstellung auf unter 5 % senken!

Harnkristalle, die Vorstufe von Harnsteinen, können sich nur dann bilden, wenn steinbildende Substanzen in hoher Menge ausgeschieden werden und/oder wenn der Harn nicht ausreichend verdünnt ist. Die Erhöhung der täglichen Flüssigkeitsmenge und damit auch der erhöhten Harnausscheidung in Kombination mit einer gezielten Diät sind daher die wichtigsten Maßnahmen, um der Bildung von Harnsteinen vorzubeugen.

Hat der Hund Blasen- oder Nierensteine, muss zuerst untersucht werden, um welche Steine es sich handelt. Erst nach erfolgter Diagnose kann und muss die gezielte Diät erfolgen.

Die meisten Steine bestehen zu rund 95 % aus Kristallen, der Rest ist organisches Material. Aufgrund der kristallinen Zusammensetzung unterscheidet man:

- Struvitsteine, auch Tripelphosphatsteine oder Magnesium-Ammonium-Phosphatsteine oder auch Infektsteine genannt.
- Harnsäuresteine/Uratsteine
- Oxalatsteine (meist Kalziumoxalat, seltener ein Gemisch aus Kalziumoxalat/Kalziumphosphat)
- Zystinsteine

Eine falsche Ernährung ist ein entscheidender Faktor, der bei vorliegender Prädisposition die Steinbildung auslöst. Ebenso begünstigt eine gleichmäßig über den Tag verteilte unzureichende Flüssigkeitszufuhr und damit ein zu konzentrierter Urin, u. a. auch gerade der Nachturin, die Kristallisation und die Steinbildung. Daher ist es stets zusätzlich zur richtigen Fütterung sehr wichtig, dass der Hund über den Tag verteilt kontrolliert größere Mengen trinkt. Das kann man erreichen, indem man unabhängig vom Wasser mit Wasser verdünnte Milch gibt, Wasser mit Hühnerbrühe anbietet und zusätzlich die Fütterung insgesamt sehr feucht zubereitet. Die Fütterung sollte immer ein wenig gesalzen sein (ausgenommen bei Kalziumoxalatsteinen sowie bei älteren Hunden mit Ödemneigung infolge von Herz- oder Lebererkrankungen).

Auflösung und Vorbeugung von Struvitsteinen

Am häufigsten treten Struvitsteine auf. Die meisten Fälle (gut zwei Drittel) von Struvitsteinbildung stehen in engem Zusammenhang mit Harnwegsinfekten, die durch Urease-positive Bakterien wie beispielsweise durch Staphylokokken ausgelöst werden. Das Enzym Urease hydrolisiert den Harnstoff (Hydrolyse ist die Spaltung einer chemischen Verbindung durch Reaktion mit Wasser). Infolgedessen kommt es zu einem Anstieg der Konzentrationen von Ammonium, Phosphaten und Karbonaten, was wiederum eine Alkalisierung des Harns bewirkt. Im alkalischen pH-Milieu verbinden sich Phosphat und Ammonium mit Magnesium und bilden somit das Magnesium-Ammonium-Phosphat-Molekül, das als Struvit bezeichnet wird. Aus diesem Grund nennt man die Struvitsteine auch Infektsteine.

Im Kapitel über die Erbbesonderheiten des Dalmatiners haben wir bereits gesehen, dass beim Eiweißabbau u.a. auch Harnstoff und Ammonium entstehen (s. S. 136).

Bei jeder selbst zubereiteten Diät ist es unerlässlich, die Aufnahme der Ausgangssubstanzen für die Struvitsteinbildung, d.h. Proteine, Phosphor und Magnesium streng zu limitieren.

Fertige Spezialdiäten als Feuchtfutter in Dosen sind, wenn sie wirklich geeignet sind, so zusammengesetzt, dass sie die Struvitlöslichkeit im Harn erhöhen, den Durst anregen und gleichzeitig eine stark reduzierte Aufnahme an Proteinen, Phosphor und Magnesium gewährleisten.

Vorsicht vor Haferflocken!

Wie bereits öfter erwähnt, enthalten Haferflocken sehr viel Phosphor und sind deshalb im Rahmen von Nierendiäten stets ungeeignet. Außerdem haben sie auch noch einen sehr hohen Magnesiumanteil – und Phosphor und Magnesium sind beides Ausgangsstoffe bei der Struvitsteinbildung. Tatsächlich aber gibt es fertiges Dosenfutter auf dem Markt, das als »spezielles Diätfutter bei Struvitsteinen« angepriesen wird und ausgerechnet Haferflocken enthält! Seien Sie also stets kritisch gegenüber solchen Produkten und schauen Sie die Deklaration der Inhaltsstoffe genau an, denn auch bekannte Firmennamen sind leider nicht immer Garant für geeignetes Futter!

Wenn man nicht ausschließlich selbst kochen möchte, ist geeignetes Nierendiät-Dosenfutter wie erwähnt mit einer selbst zubereiteten Grundlage aus gekochten Kartoffeln (als Fertigprodukt Bio-Kartoffelflocke oder eine reine Maisflocke mit nur 8 % Rohprotein) oder einer selbst zubereiteten Grundlage aus Maisgrieß geeignet.

Im Verlauf einer Therapie ist bei einer selbst zusammengestellten Diät zur Auflösung von Struvitsteinen mit frischen Bestandteilen zu beachten, dass der Proteingehalt nur zwischen 2 und 6 % liegt und man sehr restriktiv mit Phosphor und Magnesium umgeht (s. S. 77 Tabelle magnesiumreicher Futtermittel sowie Protein- und Phosphortabelle am Ende des Buches). Eine strenge Diät sollte bei Struvitsteinen, wenn nicht zusätzlich noch Ammoniumuratsteine im Urinsediment waren, nicht länger als über einen Zeitraum von 10 - 12 Wochen durchgeführt werden. Dem Futter kann zusätzlich (aber nur für kurze Zeit) ein harnansäuerndes Mittel wie Vitamin C oder Methionin beigemischt werden. Da der alkalische Harn-pH-Wert wie beschrieben fast immer infektbedingt entsteht, muss einerseits der Infekt antibiotisch behandelt und andererseits strikt die Ernährung angepasst werden. Es wird ein Harn-pH-Wert von ca. 6,0 - 6,5 angestrebt. Ebenso sollte das Futter leicht gesalzen sein, beispielweise mit einer kleineren Menge von einem vorher aufgelösten Brühwürfel, um den Durst immer gut anzuregen.

Zusammenhang von Harn-pH-Wert und Ernährung

Der Harn-pH-Wert ist in hohem Umfang von der Ernährung abhängig und liegt beim Hund laut Literaturangaben in einem Referenzbereich von 5,5 - 7,0 (5,5 wäre sauer, 6,0 bewegt sich in Richtung neutral, 6,5 geht ins neutrale mit Tendenz zum alkalischen bei 7,0). In der Ernährung gibt es die Säurebildner wie tierisches Eiweiß, Käse, Quark, Getreideprodukte, raffinierte und ungesättigte Öle. Sie werden alle »sauer« verarbeitet. Die Basenbildner wirken alkalisierend. (Basenbildner s. S. 42 sowie basische Salze S. 41) Zu den Basenbildnern zählen Gemüse, Obst, Kartoffeln, Milch und Kräuter. Über eine Fütterung mit beispielsweise geringerem Fleischanteil und betont mit Basenbildnern kann man den pH-Wert des Harns auf natürliche Wiese ins neutrale bis leicht alkalische beeinflussen.

Als Kohlenhydratgrundlage ist die Kartoffel im Rahmen dieser Diät besonders geeignet, weil sie ein Basenbildner ist und ein biologisch hochwertiges Eiweiß besitzt mit der höchsten biologischen Wertigkeit aller pflanzlichen Nahrungsmittel, gleichzeitig phosphorarm ist und auch einen niedrigen Magnesiumgehalt hat. Zudem ist die Kartoffel vitaminreich (C, Niacin, Pantothensäure, B1, B2, B6), reich an dem Mineralstoff Kalium und enthält auch das Spurenelement Eisen.

Magnesiumgehalt in mg pro 100 g (wichtig für Struvitstein-Diät):		
Kartoffel	20	geeignet
Mais-Frühstücksflocken, Cornflakes	14	geeignet
Reis, poliert	30	geeignet
Nudeln	40	geeignet
Roggenbrot	35	geeignet
Weißbrot	25	geeignet
Weizenmischbrot m. Roggen	40	geeignet
Weizenvollkorn	60	ungeeignet
Haferflocken	135 - 140	ungeeignet
Hirse	125	ungeeignet
Reis, unpoliert	120	ungeeignet

Die Kartoffel wird püriert mit Milch zubereitet verfüttert oder als Bratkartoffel mit Schmalz angebraten. Wie sich aus der obigen Magnesiumgehalt-Tabelle ersehen lässt, sind auch reine Mais-Flocken geeignet oder Maisgrieß (Polenta) zur Abwechslung.

Als Eiweißquelle gibt man im Rahmen einer strengen Struvitsein-Diät über circa 10 - 12 Wochen bei einem mittelgroßen Hund (25 - 30 kg Körpergewicht) zwischen 80 - 100 g Fleisch pro Tag. Diese Menge sollte nicht überschritten werden! Infrage kommen Hühnerschlegel (Hühnerbrust ist wegen des höheren Phosphorgehaltes weniger geeignet), Lammfleisch und Rindfleisch. Anstelle von Fleisch sind Quark (auch mal mit Honig) und Hüttenkäse empfehlenswert. Mozzarella ist wegen des hohen Phosphorgehaltes nicht geeignet. Fisch ist ebenfalls ungeeignet, da er mehr Phosphor enthält als die genannten Fleischsorten. Innereien sind grundsätzlich verboten. Als Gemüse sind Karotten und Zucchini besonders geeignet, auch passierte Tomaten oder Gurken, wenn der Hund sie mag. Hier sind sowohl der Phosphor- als auch der Magnesiumgehalt niedrig. Beim Obst sind Ananas, Äpfel, Aprikosen, Birnen, Orangen, Mandarinen, Pfirsich, Wassermelone und Zuckermelone gut geeignet. Bananen weniger, da sie gegenüber den aufgezählten Obstsorten rund zwei bis drei Mal so viel Magnesium enthalten.

- **Geeignet:** Helles Brot oder helle Brötchen (niedriger Phosphorgehalt) mit Schmalz, Butter, oder mit Butter und Honig sind gut geeignet für die Nebenmahlzeit. Öle sind ebenso bestens als Zusatz geeignet.
- **Ungeeignet:** Belohnungen oder Kauartikel sind generell ungeeignet ebenso jegliche Geflügelhälse oder Algenpräparate!

Auflösung und Prophylaxe von Harnsäuresteinen/Uratsteinen

Fällt im Urin mehr Harnsäure an, als gelöst werden kann, treten ungelöste Kristalle auf, die zu Gries und Steinen führen können. Rund 60 % aller bei Hunden diagnostizierten Uratsteine kommen beim Dalmatiner vor (s. Kap. Uronephrologische Erbbesonderheit S. 134). Die Menge der löslichen Harnsäure hängt ab von der Konzentration des Harns (Trinkmenge) und von der Menge der aus dem Stoffwechsel anfallenden Harnsäure.

Zu geringe Flüssigkeitsaufnahme sowie hohe Mengen von harnsäurebildenden Nahrungsmitteln (Proteine, Purine) als auch ein saurer Harn-pH-Wert (durch Proteine, Phosphor) begünstigen die Kristallbildung mit der Möglichkeit der Bildung von Gries und Steinen.

Wegen des häufigen Zusammenhanges eines Harnweginfektes und der Bildung von Ammoniumuratkristallen bzw. Ammoniumuratsteinen sollte auch hier ein Harnwegsinfekt mittels Gewinnung sterilen Urins durch den Tierarzt ausgeschlossen werden. Ferner sollte man bei Ammoniumuratkristallen, die sich im sauren Milieu bilden, in Betracht ziehen, dass ein Urin mit Säurestarre auch ein Hinweis auf eine Belastung der Leber sein kann. Ammonium ist unter anderem auch ein Endprodukt des Eiweißabbaus. Dieses Endprodukt kommt in Form von Glutaminsäure aus der Leber. Mit der Herstellung von Glutaminsäure statt Urea (Harnstoff) spart die Leber bei Übersäuerung Bicarbonat ein. Daher sollte die Leberfunktion kontrolliert werden, um sicher ausschließen zu können, dass nicht eine gestörte Leberfunktion an der primären Entstehung der Ammoniumuratkristalle mitbeteiligt ist.

Die beste Therapie bei prädisponierten Rassen oder solchen Hunden, die bereits diätetisch schon wegen Kristallen oder gar Steinen behandelt werden mussten, ist die Vorbeugung, nämlich die Vermeidung größerer Mengen harnsäurebildender Nahrungsbestandteile, wie sie generell in tierischem Eiweiß und damit in allen Fleischsorten enthalten sind. Innereien wie Herz oder Lunge sowie Fisch sind strengstens verboten. Der Puringehalt des Futters muss drastisch herabgesetzt werden und der Eiweißgehalt sollte nur noch zwischen 2 - 6 % liegen, da beim Eiweißabbau auch Harnsäure entsteht (s. Kap. Erbbesonderheit des Dalmatiners S. 134 f.). Eine strenge Diät sollte nicht länger als über einen Zeitraum von 10 - 12 Wochen erfolgen. Grundsätzlich muss nach jeder strengen Diät, bis die Kristalle nicht mehr im Urinsediment nachweisbar sind, immer eine lebenslange minimal aufgelockerte Diät im Sinn eine Prophylaxe erfolgen. Das bedeutet, dass alles, was durch fehlerhafte Ernährung zu dem Problem geführt hat, lebenslang vermieden werden muss.

Durch die Gabe von Natrium-Hydrogencarbonat könnte man den Harn zwar alkalisieren (Harn-pH 7 oder höher) und die Löslichkeit der Harnsäure fördern, leider aber auch die Bildung von anderen Steinen (Phosphatsteinen) im alkalischen Milieu begünstigen.

Bei Vorhandensein von Ammoniumuratsteinen, die sich bei hoher Ammoniak-Konzentration und Vorliegen eines schwach sauren bis alkalischen Milieus (pH 6,5 bis 9,0) bilden, ist die Alkalisierung des Harn-pH-Wertes durch Zusätze kontraindiziert! Hier strebt man die Alkalisierung über eine Ernährung mit mehr Basenbildnern an. Dies ist in der Urologie im Humanbereich bekannt, weil man im Humanbereich wesentlich mehr mit »Steinpatienten« zu tun hat als in der Veterinärmedizin und zudem Behandlungsfehler oftmals andere Konsequenzen nach sich ziehen.

Da eine hohe Ammoniak-Konzentration häufig Folge eines Infektes ist, kommen Ammoniumuratsteine auch oftmals als Mischpartner von Struvitsteinen vor. Aus diesen Gründen ist eine Manipulation des pH-Wertes durch Zusätze ungeeignet. Die Veränderung des Harn-pH-Wertes sollte über die Ernährung erfolgen, indem die »Säurebildner« (s. S. 42) stark reduziert werden und ein gutes Angebot an Basenbildnern auf dem Ernährungsplan stehen sollte (s. Zusammenhang von Harn-pH und Ernährung auf S. 165). Das Futter sollte zudem stets recht feucht angeboten werden und auch ein wenig gesalzen (regt das Trinken an) mit einer kleineren Menge eines vorher aufgelösten Brühwürfels.

Als Proteinquellen erlaubt sind Eier und alle Milchprodukte. Im Handel gibt es fertige Spezialdiäten, wie beispielsweise geeignetes Nassfutter in Dosen mit einem Rohproteingehalt von unter 4 % Rohprotein mit leicht alkalisierenden Zusätzen.

Bei selbst zubereiteter, frischer Fütterung sollte man für einen mittelgroßen Hund (25 kg - 30 kg) die Menge von 80 - 100 g Fleisch pro Tag in den 10 - 12 Wochen strenger Uratstein-Diät nicht überschreiten.

Für ein selbst gefertigtes Futter eignen sich als Kohlenhydratlieferanten am besten Kartoffeln, Maisflocken, Maisgrieß, Nudeln (keine Vollkornnudeln), Reis nur in begrenztem Umfang und unpoliert. Andere Getreideprodukte (keine Hirse, kein Dinkel etc.) sollten einerseits wegen ihres deutlich höheren Harnsäuregehaltes und andererseits auch weil sie zu den potenten »Säurebildnern« gehören nicht verwendet werden. Bei den Gemüsesorten ist bis auf Brokkoli, Porree (Lauch), den Kohlsorten, Paprika, Sauerampfer, Schwarzwurzel, Spinat und Zuckermais alles andere geeignet (s. Purintabelle S. 188). Als Obst ist alles bis auf die Banane mit ihrem hohen Harnsäuregehalt geeignet. Getrocknetes Obst ist generell verboten (s. Purintabelle).

Bei Harnsäuresteinen geeignet/ungeeignet:

- Schweineschmalz, Gänseschmalz, Kräuterbutter, Butter, Butter mit Honig oder Margarine mit hellem Brot sind als Nebenmahlzeit empfehlenswert.
- Belohnungen oder Kauartikel sind generell ungeeignet, ebenso wie Algenpräparate oder Geflügelhälse.

Oxalatsteine

Wenn Oxalatsteine vorkommen, sind es häufiger Kalziumoxalatsteine und seltener ein Gemisch aus Kalziumoxalat/Kalziumphosphat. Bei der Bildung von Kalziumoxalatsteinen spielen eine Reihe von Einflussfaktoren eine entscheidende Rolle. Als Risikofaktoren gelten neben der zu geringen Trinkmenge die erhöhte Ausscheidung von steinbildenden Substanzen sowie eine verminderte Ausscheidung von Substanzen, die die Steinbildung hemmen.

Steinbildende Substanzen: Kalzium, Oxalsäure, Harnsäure.
Steinhemmende Substanzen: Zitronensäure (Zitrat), Magnesium, Glykosaminoglycane.

Auch ein saurer pH-Wert des Harns, begünstigt durch zu hohe Protein- und damit auch Phosphorzufuhr, zählt zu den Risikofaktoren. Die erhöhte Kalziumkonzentration ist auf eine gesteigerte Ausscheidung von Kalzium zurückzuführen. Diese wird wiederum durch Faktoren wie eine kalzium-, natrium- und eiweißreiche Ernährung, gesteigerte Kalziumfreisetzung aus den Knochen und erhöhten Parathormonspiegel begünstigt. Die Kalziumaufnahme sollte moderat sein, denn eine gesteigerte Kalziumaufnahme führt auch zu einer gesteigerten Kalziumausscheidung. Moderat heißt aber auch »nicht zu wenig«, denn es sollte durch das Meiden von Kalzium nicht zu einer Kalziumunterversorgung kommen. Eine sehr geringe Kalziumaufnahme bedingt nämlich eine vermehrte Oxalsäureaufnahme im Darm. Da bei der Steinbildung die erhöhte Oxalsäureausscheidung zu den bedeutenden Risikofaktoren zählt, sind oxalsäurereiche Nahrungsmittel wie Spinat, Mangold, Rote Bete etc. zu meiden, damit nicht die Ausscheidung von Oxalsäure mit dem Urin steigt. Eine erhöhte Harnsäureausscheidung erhöht nicht nur das Steinbildungsrisiko für Harnsäuresteine, sondern auch für Kalziumoxalatsteine. Dies ist dadurch zu erklären, dass Harnsäure wichtige Hemmstoffe der Kalziumoxalatsteinbildung (Glykosaminoglykane) in ihrer Wirkung beeinträchtigt. Aus diesem Grund sollte nicht nur die Aufnahme von Purin deutlich reduziert werden, sondern auch die Aufnahme von tierischem Eiweiß, da beim Abbau auch u.a. Harnsäure entsteht. Purinreiche Nahrungsmittel wie Fisch und Innereien sind strikt zu meiden.

Auch bei Oxalatsteinen müssen größere Mengen an tierischem Eiweiß generell vermieden werden, da tierisches Eiweiß die Steinbildung über zwei Mechanismen begünstigt: Zum einen sinkt der pH-Wert des Harns, zum anderen steigt die Ausscheidung von Kalzium. Deshalb gilt:

Die Fleischmenge von 80 - 100 g pro Tag für einen mittelgroßen Hund (25 kg - 30 kg) sollte für eine die Zeitspanne von 10 - 12 Wochen im Rahmen der strengen Oxalstein-Diät nicht überschritten werden.

Nach dieser Zeit muss ebenso wie bei Uratsteinen lebenslang eine leicht aufgelockerte Diät eingehalten werden, da Oxalatsteine sehr stark zum Rezidivieren neigen. Oxalatsteine sind scharfkantige Steine in ihrer Oberflächenbeschaffenheit und im Gegensatz zu den anderen Steinarten nicht diätetisch auflösbar, daher müssen sie in der Regel operativ entfernt werden.

Eine magnesiumreiche Ernährung hingegen ist empfehlenswert, da hierdurch die Bildung von Kalziumoxalatsteinen gehemmt wird. Magnesiumoxalat ist der stabilere Chelat-Komplex und ist im Gegensatz zu Kalziumoxalat leichter löslich und eher nierengängig. Daher wird im Humanbereich auch mit magnesiumreichen Tabletten anstelle von magnesiumreicher Nahrung gearbeitet. Wie bei allen anderen bisher genannten Steinen gilt auch hier eine reichliche über den Tag verteilte Zufuhr von Flüssigkeit in Form von breiigem, suppigem Futter sowie mit Wasser verdünnte Milch als zusätzliche Flüssigkeit. Reichhaltig an Magnesium sind: Kohlrabi, grüne Bohnen, Erbsen und Linsen sowie beim Obst Bananen, Papaya, Brombeeren, Himbeeren und Sanddorn. Auch Vollkornprodukte sind zur Abwechslung gut geeignet, ebenso kleinere Mengen von Nüssen (Walnuss, Haselnuss), die besonders reichhaltig an Magnesium sind. Der Harn-pH-Wert sollte neutral bis leicht alkalisch sein. Durch eine Alkalisierung des Harns kann die Zitratausscheidung gesteigert werden, was wiederum die Steinbildung hemmt. Eine Alkalisierung ist auf natürlichem Weg mit Basenbildnern wie Kartoffeln, Gemüse, Obst etc. zu erreichen.

Bei Oxalatsteinen wird von einer sehr renommierten Futtermittelfirma eine Fertigdiät angeboten, die mit ihren ansäuernden Substanzen sowohl bei Struvitsteinen als auch zum Schutz vor dem Wiederauftreten von Oxalatsteinen empfohlen wird. Bei Oxalatsteinen ist größte Vorsicht geboten, denn ein saurer pH-Wert des Harns zählt, wie bereits beschrieben, zu den Risikofaktoren für die Bildung von Kalziumoxalatsteinen. Als geeignete Fertigdiät wären die gleichen Dosen wie bei Uratsteinen mit niedrigem Proteingehalt und alkalisierendem Zusatz zu empfehlen mit unter 4 % Rohprotein (Uld von Hills). Diese Dose könnte beispielsweise mit Mais-Flocken oder der Bio-Kartoffelflocke gefüttert werden.

Zystinsteine

Zystinsteine sind eine seltene Form von Harnsteinen. Sie entstehen im Rahmen der seltenen, autosomal-rezessiv vererbten Zystinurie, einer angeborenen Stoffwechselstörung. Nicht alle Hunde mit Zystinurie bilden Zystinsteine. Die Zystinurie ist die zugrunde liegende Erkrankung, ihre Komplikation ist die Bildung von Zystinsteinen. Ohne adäquate Therapiemaßnahmen (diätetische Ernährung, hohe Flüssigkeitszufuhr) kann die Zystinurie langfristig zum Verlust der Nierenfunktion führen. Ausgangspunkt für die Problematik ist die essenzielle Aminosäure Methionin. Diese wird zu Zystin abgebaut, welches in den Nierenkörperchen mit dem Primärharn abgesondert wird, um dann im tubulären System der Niere zum größten Teil wieder rückresorbiert zu werden. Dazu braucht es einen sogenannten Transporter, der gleichzeitig auch die Rückresorption der drei essenziellen Aminosäuren Arginin, Lysin und Ornithin steuert. Sind alle vier genannten Aminosäuren deutlich erhöht, liegt eine genetisch bedingte Stoffwechselstörung vor. Der Tierarzt kann dies anhand einer Blutprobe feststellen, die er zur speziellen Untersuchung an ein Labor weiterleitet.

Bei Zystinsteinen ist die Einhaltung einer strikten und lebenslangen speziellen Diät notwendig. In deren Rahmen muss die tägliche Zystinausscheidung abgesenkt werden, was geschieht, indem man die Proteinquellen in der Nahrung so auswählt, dass sie möglichst wenig Methionin enthalten. Außerdem wird die Menge des Eiweißes sehr streng begrenzt, um die Ausscheidung von Zystin so gering wie möglich zu halten. Zudem wird eine Alkalisierung des Harn-pH-Wertes angestrebt, weil Zystin bei einem pH über 7,0 (pH 7,0 - 7,5) am besten löslich ist. Auch hier ist die Alkalisierung wichtig – bevorzugt über eine Ernährung mit Basenbildnern. Bei der Alkalisierung durch Zusätze erhöht sich das Risiko der Bildung von Phosphatsteinen.

Neben der lebenslangen, auf das Problem abgestimmten Ernährung ist es außerdem notwendig, dass die Trinkmenge über den ganzen Tag verteilt kontrolliert erhöht wird. Da Zystin, wie beschrieben, beim Abbau von Methionin (essenzielle Aminosäure) entsteht und dieses in größeren Mengen in allen Produkten mit tierischem Eiweiß (Fleisch, Fisch, Geflügel, Eier, Milch, Milchprodukte) enthalten ist, wäre eine sehr streng methioninarme Diät zwar angebracht, aber nicht dauerhaft praktikabel. Daher sollte lebenslang eine ausgewogene, jedoch proteinarme »Mischkost« die Grundlage für die Ernährung bilden. Diese proteinarme Mischkost ist überwiegend vegetarisch und de facto eine methioninbilanzierte Diät, die ich bereits mit gutem Erfolg für meine Hundepatienten in meiner Ernährungsberatung mit hohem Aufwand und größter Sorgfalt berechnet habe. Die Diät wurde geschmacklich von den Hunden bestens akzeptiert und der Cystinwert lag nach sechs Wochen konsequenter Einhaltung meines Ernährungsplans bei einer Laborkontrolle über »Laboklin« beim Johann-Wolfgang-Goethe-Institut in Frankfurt am Main wieder im Referenzbereich.

Diese methioninbilanzierte Diät wirkt zusätzlich alkalisierend auf den Harn, weil sie aus einem hohen Anteil an Basenbildnern besteht, die gleichzeitig als pflanzliche Proteine einen geringen Methioningehalt aufweisen. Zu dieser Mischkost zählen neben sehr geringen Mengen gewisser Fleischsorten in erster Linie pflanzliche Nahrungsmittel wie Getreideprodukte (pflanzliche Proteine, weniger Methionin), Kartoffeln (Basenbildner), Gemüse (Basenbildner), Obst (Basenbildner) und auch wenn möglich mit etwas Öl und Balsamico-Essig angemachte, kleine Mengen Salat. Möchte man auf eine geeignete fertige Diät zurückgreifen, so eignet sich das gleiche Dosenfutter wie bei Urat- und Oxalatsteinen mit leicht alkalisierenden Zusätzen und nur 3,8 % Rohprotein- sowie 0,05 % Phosphorgehalt, das zusammen mit speziellen Mixflocken (mit 30 % Gemüseanteil mit 11,4 % Rohproteinanteil) suppig zubereitet wird. Alternativ kann man als Trockenfutter ein fleischloses Futter mit 18 % Rohproteingehalt und einer Zusammensetzung aus Reis, Maisfuttermehl, getrocknetem Ei, Tierfett, Weizenkleberfutter, Mineralstoffen, Maiskleberfutter, Lignozellulose, diversen Ölen etc. geben.

Bei allen Steinarten zu beachten:
Auch bei den unterschiedlichen Steinarten ist die Mengenangabe von Fleisch pro Tag nur eine ungefähre Angabe. Die Grundlage für eine individuelle Ernährung muss immer eine aussagefähige Analyse der Sedimente (bei Kristallen) bzw. Analyse der Steine sein, wenn Steine operativ entfernt wurden. Im Urinsediment treten in der Regel verschiedene Kristallarten in unterschiedlicher Quantität auf, weshalb unbedingt individuelle diätische Maßnahmen mit einem abgestimmten Ernährungsplan nötig sind. Engmaschige Kontrollen des Urinsedimentes sind (am Anfang) notwendig, und auch der Hundebesitzer muss den Ernährungsplan für sein Tier lebenslang konsequent einhalten, damit es nicht zur wiederholten Kristall- bzw. Steinbildung kommt.

Bei allen Steinarten (ausgenommen Zystinsteinen, hier ist in der Berechnung der Tagesration alles noch restriktiver), kann man anhand der Mengenangaben von 80 - 100 g Fleisch pro Tag für einen 25 - 30 kg schweren Hund in den ersten 10 - 12 Wochen der Diät ersehen, wie wichtig neben dem wirklich kontrollierten Trinken pro Tag die starke Reduktion von tierischem Protein ist. Für die dauerhafte Gesundheit sind deshalb auch ein, besser zwei vegetarische Tage pro Woche wichtig. Durch ein Zuviel an Fleisch bzw. generelles Zuviel an Proteinen würde man die ohnehin schon erkrankten Hunde ins sichere Nierenversagen füttern.

Auch auf die Gefahr der Wiederholung hin: Einen Hund mit Harn- bzw. Nierensteinen kann man nicht nach »BARF« gesund ernähren! Die sei im Interesse der Hundebesitzer, die ihren vierbeinigen Liebling wieder gesund bekommen und auch noch viele Jahre Freude mit ihm haben möchten, an dieser Stelle nochmals ausdrücklich erwähnt. Die Probleme fehlerhafter Ernährung machen sich leider immer erst im Krankheitsfall bemerkbar, wie die Erfahrung meiner Ernährungsberatung zeigt. Alle Besitzer möchten selbstverständlich nur das Beste für ihren Hund, sind jedoch oft mit so vielen Informationen konfrontiert, dass sie nicht wissen, wem sie ihr Vertrauen schenken sollen.

Der leberkranke Hund

Die Leber hat im Organismus zahlreiche zentrale Aufgaben zu erfüllen. Sie reguliert den Kohlenhydrat- und Fettstoffwechsel, baut Eiweißstoffe auf und wieder ab, bildet Harnstoff und Harnsäure. Ferner speichert sie Vitamine und Spurenelemente und ist von Bedeutung bei der Regulation des Hormonstoffwechsels. Außerdem entgiftet sie wie ein Filter den Organismus von Stoffwechselprodukten.

Die Leber ist funktionell und morphologisch mit der Gallenblase verbunden. Von der Gallenblase werden die in der Leber produzierten Gallensäuren in den Darm abgegeben, wobei die Gallensäuren eine wichtige Bedeutung in der Verdauung von Nahrungsfetten im Dünndarm haben. In der Leber werden einige für den Organismus des Hundes wichtige Stoffe synthetisiert. Hierzu gehören verschiedene Proteine, Glukose (Blutzucker), Vitamin C, Gallensalze, Fette und Cholesterin. Zum anderen dient die Leber als Speicherorgan für Vitamine (A, D, E, K, B12) und Spurenelemente wie Kupfer, Eisen und Zink. Außerdem werden Fette und Glykogen gespeichert.

Lebererkrankungen können zahlreiche Ursachen haben. Bei den häufiger auftretenden erworbenen Lebererkrankungen unterscheidet man zwischen einem akuten oder chronischen Auftreten sowie zwischen entzündlichen, degenerativen oder tumorösen Prozessen. Eine Leberentzündung (Hepatitis) kann durch virale, bakterielle oder parasitäre Infektionen ausgelöst werden. Häufig kann sich auch aus einer akuten Erkrankung eine chronische Erkrankung entwickeln wie z. B. eine Fettleber, die ebenfalls die Leberfunktion erheblich beeinträchtigt.

Die Anzeichen für eine Lebererkrankung in Form von Appetitlosigkeit, Erbrechen, Durchfall, Teilnahmslosigkeit oder Müdigkeit sind größtenteils sehr unspezifisch.

Eine Lebererkrankung, egal ob akut oder chronisch, sollte immer sehr ernst genommen werden. Neben medikamentösen sind auch diätetische Maßnahmen nötig, wobei das Ziel immer in der Entlastung des geschädigten Organs bei Aufrechterhaltung des Körpergewichtes liegt. Die Dauer der Diät hängt davon ab, ob es sich um eine akute oder chronische Erkrankung handelt. Im letzteren Fall ist die Diät über das gesamte Hundeleben einzuhalten. Die Futterrationen sind wie bei fast allen Krankheiten auf drei bis vier Mahlzeiten pro Tag zu verteilen, um die Leber nicht zu überlasten.

Als Energiequelle dienen vor allem Kohlenhydrate und Fette. Ein höherer Fettanteil fördert zudem auch die Futteraufnahme bei Appetitmangel. Dabei muss sichergestellt sein, dass die Leber in der Funktion der Fettverdauung nicht eingeschränkt ist. Kohlenhydrate wie Maisflocken oder Maisgrieß, Reis, Nudeln, Kartoffeln oder Haferflocken sind bei Lebererkrankungen die Hauptenergielieferanten. Der Eiweißanteil im Futter muss deutlich reduziert werden und es sollten nur hochverdauliche Eiweiße angeboten werden, wie sie im Fisch, in reinem Fleisch (Pute, Huhn, mageres Rindfleisch, keine Innereien!) und vor allem in den Milchprodukten zu finden sind. Die Menge pro Tag sollte für einen mittelgroßen Hund (25 kg - 30 kg) bei etwa 100 g bis 120 g Fleisch liegen, alternativ kann man auch gelegentlich 100 g bis 120 g Kabeljau oder Zander (gut entgrätet) oder tiefgefrorenes Seelachsfilet nehmen. Quark, Kräuterquark und Hüttenkäse sind besonders geeignet und sollten regelmäßig drei bis vier Mal pro Woche anstelle von Fleisch gefüttert werden – nicht zusätzlich! Von diesen Milchprodukten kann man 150 g - 200 g pro Tag füttern. Nahrungsmittel, die einen hohen Anteil an der Aminosäure Methionin enthalten, wie zum Beispiel Eier, sollten sparsam verfüttert werden, da der mikrobielle Abbau von Methionin im Darm zu einer unnötigen Belastung mit schwefelhaltigen Produkten führen kann. Fette wie kaltgepresstes Olivenöl und Rapsöl oder vom Hund wegen des Geschmacks bevorzugte Fette wie Gänseschmalz, Schweineschmalz, Hubertusschmalz oder Kräuterbutter dienen als wichtige Energiequellen und erhöhen immer den Appetit, der bei Lebererkrankungen ohnehin oft fehlt und den man in der Regel nicht mit kommerziell erhältlichem Futter gewinnt. Mit den geringen Mengen an Fleisch kann man sich gut helfen, wenn man beispielsweise die kleine Menge Putenschnitzelstreifen in wohlschmeckendem Schmalz anbrät, einen Hühnerschlegel mit Haut mit einem kleinen Teil eines Brühwürfels kocht oder über gekochte Nudeln etwas Butter und Parmesankäse streut und geschälte Tomaten noch dazu – oder Bratkartoffeln mit Schmalz anbrät und dann noch Hüttenkäse dazu mischt. Um den Darm nicht träge werden zu lassen, sind Ballaststoffe von großer Wichtigkeit, wie sie beispielsweise in den pektin- und vitaminreichen Karotten und Äpfeln zu finden sind.

Als Nebenmahlzeiten ist alles an Obst erlaubt, ebenso Vollkornbrötchen mit Butter, Honig, Frischkäse, Kräuterbutter oder mit Schmalz. Mit dieser Art der selbst zubereiteten Diät hilft man der erkrankten Leber und dem Hund schmeckt sein doch noch abwechslungsreiches Futter sicherlich besser als eine reine Dosenfutter-Diät! Der Vitaminbedarf ist, was die Vitamine C, E und insbesondere die Vitamine des B-Komplexes anbelangt, erhöht (fettlösliche Vitamine ausgenommen). Daher ist es sehr empfehlenswert, bei einem mittelgroßen Hund ein Vitamin B-Kombinationspräparat (1 x tägl.) und zusätzlich noch ein Vitamin-Mineralstoff-Präparat (1 - 2 x tägl.) zu geben. Weiterhin sind Reishi-Präparate und bewährte Mariendistelpräparate mit hoher Qualität aus dem Humanbereich auch bei Lebererkrankungen zur Unterstützung sehr geeignet und können zusammen mit den bereits genannten gegeben werden.

Anregungen für Futterzubereitungen mit angepassten Proteinmengen im Rahmen einer Leberdiät sind teilweise unter den Rezepten für die Dalmatiner zu finden (Mengenangaben in Klammern).

Auch bei einer Lebererkrankung ist die Ernährung in Form einer geeigneten Diät absolut wichtig. Die Mengenangaben in Bezug auf das pro Tag verfütterte Eiweiß sind bei Lebererkrankungen »Ungefähr-Angaben«. Auch hier werden die individuellen diätischen Maßnahmen durch das Ausmaß der Erkrankung bestimmt.

Vorübergehende Störungen im Magen-Darm-Bereich

Erbrechen

Ist der Magen beim Fressen oder gleich danach durch zu hastiges Trinken überlastet, erbrechen Hunde kurze Zeit später. Wenn das Allgemeinbefinden ungestört ist, ist dies nicht gleich ein Grund zur Sorge. Manche Hunde schlingen ihr Futter schnell, erbrechen ab und zu und fressen dann das Erbrochene wieder auf. Dieses Verhalten ähnelt dem des Wolfs.

Erbrechen kann aber auch ein Anzeichen einer ernsteren Erkrankung sein. Es gibt zahlreiche Erkrankungen, die mit Erbrechen einhergehen und möglicherweise umgehend behandelt werden müssen. Erbrechen tritt bei Vergiftungen, Darmverschluss, Nierenversagen und etlichen anderen Erkrankungen auf, so dass zum Wohl des Hundes und zur eigenen Sicherheit der Gang zum Tierarzt ratsam ist.

Um den Magen zu beruhigen, gibt man dann über ein paar Tage eine Schonkost – wie beim Menschen mit Haferschleim und/oder Reisschleim. Wichtig sind sehr kleine (!) Portionen über den Tag verteilt.

Reisschleim: Der Reis wird mit Wasser so lange gekocht, bis er breiig/suppig ist und handwarm verfüttert. Mit einer ganz kleinen Menge eines Brühwürfels beim Kochen wird er lieber gefressen.

Diese Schonkost gibt man zwei bis drei Tage lang. Wenn sich danach der Zustand gebessert hat, kann man eine ganz kleine Menge gekochte Hühnerbrust dazugeben, um dann nach weiteren zwei bis drei Tagen wieder ganz langsam mit der gewohnten Fütterung zu beginnen. Zur Beruhigung des Magens kann man auch Leinsamen füttern, wobei etwa ein Teelöffel Leinsamen eine angemessene Menge ist. Der Leinsamen muss unbedingt zuvor mit einer kleinen Menge heißen Wassers übergossen und so lange quellen gelassen werden, bis er eine zäh-schleimige Konsistenz hat. Nur so kann er überhaupt seine gewünschte Wirkung entfalten.

Durchfall

Oftmals bekommen Hunde aus nahezu unerklärlichen Gründen Durchfall. Im Winter kann es auch mal am Schneefressen liegen, was so manchem Hund nicht bekommt. Im Sommer kann Durchfall die Folge sein, wenn der Hund seinen Durst an einer abgestandenen Pfütze mit verdorbenem Wasser gelöscht hat, sich aus der Schale eines Pflanzkübels mit abgestandenem Wasser bedient oder schlechthin etwas gefressen hat, was ihm nicht bekommen ist.

Bei Durchfall sollte sicherheitshalber immer die Körpertemperatur kontrolliert werden: Liegt sie über 38,5 °C, muss der Tierarzt konsultiert werden. Handelt es sich um Durchfall ohne Fieber und Erbrechen, sollte der Hund ein bis zwei Tage lang nichts fressen, bis der Durchfall von alleine abklingt. Wenn es dem Hund sehr schwer fällt, nichts zu fressen, kann man ihm sehr kleine Mengen an Reisschleim anbieten. Hat sich der Durchfall mit diesen Maßnahmen nicht nach zwei Tagen beruhigt, muss man unbedingt zum Tierarzt gehen. Der durchfallbedingte hohe Wasserverlust schwächt insbesondere junge Hunde sehr. Zum Ausgleich des Wasserverlustes ist sehr wichtig, dass der Hund immer ausreichend Wasser zur Verfügung hat, bevorzugt mit einer Prise Salz oder alternativ Kamillen- oder Fencheltee mit etwas Traubenzucker. Alles, was den Durchfall begünstigt wie Milch, Milchprodukte und Zucker sind strikt verboten. Nach diesen ein bis zwei Tagen bekommt der Hund leicht verdauliche Nahrung in sehr kleinen Mengen (4 - 6 Portionen über den Tag verteilt). Fette dürfen nicht gefüttert werden. Erst wenn der Kot wieder normal geformt ist, beginnt man wieder allmählich auf gewohntes Futter umzustellen, indem man für ein paar Tage zwei Drittel des Diätfutters mit einem Drittel des gewohnten Futters mischt. Bleibt auch dann die Verdauung in Ordnung, geht man auf ein Drittel Diätfutter und zwei Drittel des gewohnten Futters über. Ist auch hier die Verdauung normal, kann man wieder mit der gewohnten Fütterung beginnen.

Bei dieser Magen-Darm-Diät sollte stets beachtet werden, dass nur wirklich kleine Mengen auf drei bis vier Mahlzeiten über den Tag verteilt gegeben werden, um Magen und Darm nicht unnötig zu belasten.

Zur Diät geeignet ist Reisschleim. Die Zubereitung ist unter dem Abschnitt »Erbrechen« bereits beschrieben. Nach zwei oder drei Tagen kann man ein Eigelb unter den Reisschleim geben, nach weiteren zwei bis drei Tagen kann man eine kleine Menge gekochte Hühnerbrust (ohne Haut) zum Reisschleim geben. Ebenfalls empfehlenswert ist es, den Reisschleim mit einer kleinen Menge Hüttenkäse zu mischen. Auch geeignet ist, eine kleine Menge gekochtes Rindertartar zum Reisschleim zu geben.

Wissenswertes zur Darmflora

Eine intakte Darmflora ist notwendig, damit der Darm seine Funkionen in vollem Umfang erfüllen kann:

- Barrierefunktion gegen schädliche Bakterien und Pilze
- Stabilisierung des Säuregrades des Darminhaltes
- Beitrag zum Nahrungsaufschluss
- Beitrag zur Funktion der körpereigenen Abwehr

Der Darm beherbergt sehr viele unterschiedliche Mikroorganismen. Es leben im Darm Milliarden von Bakterien, die als Bestandteil der intestinalen Barriere für eine optimale Verdauung, Abwehr und Nährstoffverwertung notwendig sind. Man weiß heute, dass die Zusammensetzung einer intakten Darmflora zum großen Teil aus anaeroben Bakterienspezies besteht. Die milchsäurebildenden Bakterien wie Lactobacillus acidophilus und Bifidobacterium bifidus spielen eine große Rolle. Bifidobakterien haben eine besondere Schutzwirkung gegenüber Fremdkeimen. Diese wichtigen milchsäurebildenden Bakterien gehören zu den Saccharolyten, die sich normalerweise vom Darm-Mukus und von den Ballaststoffen einer Mischkost ernähren. Die Saccharolyten tragen maßgeblich dazu bei, ein saures Darmmilieu durch Abgabe von Milchsäure und kurzkettigen Fettsäuren aufrechtzuerhalten. Im Gegensatz dazu kommen beispielsweise Bakterien mit proteolytischer Aktivität (z. B. Fäulniskeim) nur in geringen Mengen in einer gesunden Darmflora vor. Aufgrund zahlreicher Einflussfaktoren wie Stress, einseitige, proteinreiche Ernährung (BARF) oder Medikamenten kann sich das empfindliche bakterielle Gleichgewicht im Darm verschieben. Die milchsäurebildenden Keime mit ihrer saccharolytischen Aktivität werden stark zurückgedrängt und Fäulniskeime reichern sich an. Eine Folge ist, dass sich der pH-Wert des Stuhls erhöht, was wiederum die Stoffwechselaktivität der verbliebenen Saccharolyten negativ beeinflusst. Dies kann soweit gehen, dass die beschriebenen Aufgaben der Darmflora und des Darms nicht mehr aufrechterhalten werden können und im Darm entstandene Fäulnisprodukte über die Leber dann entgiftet werden müssen. Auch hier wird der Zusammenhang deutlich, warum eine proteinreiche Ernährung, wie beim Barfen üblich, häufiger Verdauungsprobleme mit Fehlgärungen und Durchfällen nach sich zieht. Dies kann ich anhand von Fallbeispielen in meiner Ernährungsberatung nur bestätigen. Liegt die Ursache für die Fehlgärungen und Durchfälle nicht in einer anderen Grunderkrankung wie u.a. einer Futtermittelallergie, so lassen sich diese Probleme mit der Umstellung von einer proteinbetonten Ernährung in eine mit moderaten Proteingehalt und höherem Anteil von Kohlenhydraten meist innerhalb eines kurzen Zeitraumes beseitigen.

Futtermittelallergie

Nahrungsmittelallergien sind immer immunologische Abwehrreaktionen des Organismus gegen bestimmte Nahrungsmittel oder Nahrungsmittelbestandteile. Die Zunahme der Allergien in den westlichen Industrieländern wird auf eine Zunahme innerhalb der gesamten »Umweltbelastungen« zurückgeführt, wobei man jedoch auch inzwischen weiß, dass eine genetische Veranlagung bei der Allergieentstehung eine bedeutende Rolle spielt.

Die allergischen Reaktionen auf Futtermittel beim Hund äußern sich mit sehr unterschiedlicher Symptomatik. Einige Hunde haben nur Symptome auf der Haut in Form von Juckreiz und Rötung zwischen den Zehen und/oder auf der Innenseite der Ohren. Andere Hunde zeigen Magen-Darm-Symptome mit Erbrechen und Durchfall oder beidem oder als

Steigerung einfach alle Symptome zeitlich versetzt oder zugleich, was die Diagnostik sehr erschwert. Primär muss man jedoch erst einmal zwei wichtige Begriffe hinsichtlich ihrer Unterschiede definieren, und zwar Unverträglichkeit und Allergie.

Bei einer Unverträglichkeit auf ein Nahrungsmittel kann man dieses weiterhin verzehren, solange man es entweder nur äußerst selten oder in sehr geringen Mengen zu sich nimmt. Hier ist der Organismus in der Lage, eine bestimmte Menge des reizauslösenden Allergens zu verkraften.

Bei einer Allergie hingegen reichen schon winzigste Mengen, um eine Reaktion auszulösen.

Hunde können gegen jeden Bestandteil eines Futters Allergien entwickeln. Die allergische Reaktion kann mit den gebräuchlichen, handelsüblich verarbeiteten Proteinquellen in Form von Rindfleisch, Hühnerfleisch, inzwischen auch Lammfleisch oder mit Milchprodukten, Eiern oder Sojaprodukten zusammenhängen, ebenso mit dem Getreideanteil oder mit den diversen Zusatzstoffen wie beispielsweise Konservierungsstoffen, Aromastoffen, Farbstoffen etc. Daher kommen alle Bestandteile eines Futters als auslösende Ursache einer Futtermittelallergie in Frage. Auch die kleinen Belohnungen oder Ergänzungsfuttermittel oder proteinhaltige Vitamin-Mineralstoff-Mischungen können für eine allergische Reaktion verantwortlich sein. Der Preis eines Futters oder die Qualität spielen hierbei keine Rolle.

Leider reicht es auch nicht aus, wie manche Futtermittelhersteller gern in ihrer Werbung behaupten, einfach zu einem anderen (dem eigenen natürlich) Futter zu wechseln und damit die Allergie auf geradezu wundersame Wiese zu beseitigen. So einfach geht es nicht!

Um eine klare Diagnose zu bekommen, ob tatsächlich eine Futtermittelallergie vorliegt, gibt es nur den Weg einer Eliminationsdiät (Ausschlussdiät) und einer anschließenden Provokationsdiät. Die Eliminationsdiät

darf nur aus Komponenten bestehen, die noch nicht gefüttert wurden. Hier empfiehlt sich am ehesten Pferdefleisch mit gekochten Kartoffeln und/oder Reis, denn Pferd ist mit einer Ausnahme eines aus Norditalien stammenden Trockenfutters bislang in keinem kommerziell zu beziehenden Futter verarbeitet. (Hier wird nochmals deutlich, dass man nicht ohne triftigen Grund Pferdefleisch, wie es oftmals angeboten wird, füttern sollte. Sonst hat man für den Ernstfall einer Eliminationsdiät »alles an Munition verschossen«). Alles andere sollte strikt vermieden werden. Diese Ausschlussdiät sollte über acht bis zehn Wochen gegeben werden. Während dieser Zeitspanne muss konsequent auf alles andere verzichtet werden, auch auf Vitaminpräparate. Sind mit der Diät die oben beschriebenen Symptome beseitigt, gibt man wieder ein bis zwei Wochen lang das ursprüngliche Futter – dies wird Provokationsdiät genannt. Erst wenn sich mit der Provokationsdiät wieder Juckreiz oder Magen-Darm-Symptomatiken einstellen, kann man die Diagnose »Futtermittelallergie« als gesichert ansehen. Ist daraufhin klar, dass eine Futtermittelallergie vorliegt, fängt man wieder über einige Wochen mit der Pferdefleischdiät an, um zunächst die allergischen Symptome zu beseitigen und dann ganz allmählich und immer nur schrittweise eine neue Futterkomponente zuzugeben – wie z. B. einen Apfel, anderes Obst oder eine Gemüsesorte. Die kommerziellen sogenannten »Allergiefutter« sind hier wenig geeignet, weil sie zu viele Bestandteile enthalten, die in den meisten Fällen noch nicht einmal deklariert sind.

Das Gebiet der Nahrungsmittelallergie ist auch in der Humanmedizin ein sehr komplexes Gebiet – sowohl hinsichtlich der Allergie auslösenden Faktoren als auch der in der Regel sehr variablen Symptomatik. So gibt es u. a. die sogenannte pollenassoziierte Nahrungsmittelallergie, auch Kreuzallergie genannt: So können zum Beispiel Birkenpollen kreuzweise mit Nussorten, Äpfeln, Birnen, Kiwi, Kartoffelschalen, Tomaten und Karotten reagieren, sprich eine Allergie gegen Birkenpollen kann auch eine allergische Reaktion gegen die genannten Obst- und Gemüsesorten hervorrufen. Auch Hunde können nicht nur auf Hausstaub, Hausstaubmilben oder Schimmelpilze allergisch reagieren, sondern auch auf Baum- und Blütenpollen, was man in der Tiermedizin unter dem Begriff Atopie zusammenfasst. Hier wäre logischerweise, wie im Humanbereich auch, die Situation für eine pollenassoziierte Nahrungsmittelallergie gegeben.

Salicylate und biogene Amine als Pseudoallergene

Weiterhin gibt es im Humanbereich die sogenannten Pseudoallergien. Von einer pseudo (= scheinbar)-allergischen Reaktion spricht man, wenn es zu den gleichen Symptomen wie bei einer Allergie kommt, jedoch keine Antikörper im Blut oder durch Hauttests nachgewiesen wurden. Bei pseudoallergischen Reaktionen findet keine vorhergehende Sensibilisierung statt; das Immunsystem ist offenbar nicht beteiligt. Zu den natürlich vorkommenden Pseudoallergenen gehören die Salicylate und biogenen Amine. Einen besonders hohen natürlichen Salicylatgehalt, der im Bereich der natürlich, frisch zubereiteten Hundeernährung relevant ist, findet man in Beerenfrüchten, Orangen, Aprikosen, Ananas und Gurken. (Weintrauben sind wegen der nierentoxischen Wirkung für Hunde generell verboten!)

Was die Gruppe der biogenen Amine betrifft, zu denen Histamin, Tyramin und Serotonin gehören, wird in der Veterinärmedizin (federführend vertreten durch den Leiter der Tierklinik in Birkenfeld, Herrn Dr. Koch) am Thema der Histamin-Intoleranz beim Hund gearbeitet. Daher möchte ich an dieser Stelle Herrn Dr. Koch für den wertvollen Hinweis, diese Problematik mit einzubeziehen, ausdrücklich danken.

Biogene Amine sind organische Basen. Sie werden im normalen Stoffwechsel von Tieren, Pflanzen und Mikroorganismen gebildet. Biogene Amine kommen in fast allen Nahrungsmitteln in kleinen Mengen vor. Bei manchen Menschen können sie allergieähnliche Überempfindlichkeitsreaktionen auslösen. In größeren Mengen finden sie sich in langsam reifenden Käse- und Wurstsorten, in Ananas, Avocados, Bananen, Tomaten, Walnüssen, Erdbeeren, Himbeeren und Steinpilzen. Biogene Amine können aber auch in Nahrungsmitteln direkt gebildet werden.

Durch Verarbeitung, Reifung oder Lagerung kommt es zu biochemischen und mikrobiologischen Eiweißveränderungen und somit zur Bildung von biogenen Aminen. Vor allem Fischkonserven, Sauerkraut, bestimmte Käsesorten, Spinat und Hefeextrakte zählen dazu. In diesen Nahrungsmitteln laufen entweder unerwünschte mikrobiologische Veränderungen ab oder die Amine entstehen als Nebenprodukt, z. B. bei der alkoholischen Gärung oder milchsauren Gärung. Sie spielen unter anderem auch eine Rolle als Geschmacksverstärker und Aromastoffe in den Nahrungsmitteln. Die biogenen Amine werden im menschlichen Organismus u. a. in der Dünndarmschleimhaut abgebaut. Beim Menschen gibt es eine breite Palette an Symptomen in Form von Hautausschlag und Rötung bis zu Magen-Darm-Beschwerden, Herzrhythmusstörungen, niedrigem Blutdruck, rinnender Nase bis Husten sowie Asthma.

Wie man hieraus entnehmen kann ist die Histamin-Intoleranz sicherlich ein schwieriges Thema, jedoch auch im Humanbereich ein Gebiet, auf dem sich inzwischen viel bewegt und noch bewegen wird. Beim gesunden Menschen wird das im Körper befindliche Histamin durch das Enzym Diaminoxidase (DAO) abgebaut. Dieser Mechanismus ist bei Menschen mit Histamin-Intoleranz aufgrund eines Vitamin B6- und C-Mangels gestört. Es kann nicht genügend DAO produziert werden, wie es für die Verstoffwechselung histaminhaltiger Nahrungsmittel erforderlich wäre. Infolgedessen kommt es zur Überlastung des Organismus mit den unterschiedlichsten Gesundheitsbeschwerden. Im Humanbereich sind die Verdauungsstörungen die mit Abstand häufigsten Symptome einer Histamin-Intoleranz.

Hauterkrankungen und Futter: Ein interessanter Zusammenhang

In einigen einschlägigen Tierkliniken wird zurzeit an dem Zusammenhang von Proteinmenge und erhöhter Anfälligkeit der Haut für Hauterkrankungen gearbeitet wird. Man hat beobachtet, dass es durch höhere tägliche Proteinmengen im Futter zur Veränderung des pH- Milieus der Haut kommt, das dann ihrerseits wiederum eine erhöhte Anfälligkeit der Haut für zahlreiche Hauterkrankungen auslöst.

Fütterungsvorschlag für einen an Allergie leidenden Hund – bei uns seit Jahren an unserer aus Holland stammenden Hündin »Lena« erprobt und bewährt	
Morgens:	Naturreis mit Schmalz und pürierten Tomaten, am besten aus dem Tetrapack, da diese mehr Lycopin enthalten
Mittags:	ein Apfel und zusätzlich Obst der Jahreszeit entsprechend
Abends:	100 - 125 g Pferdefleisch mit Reis und/oder Kartoffeln und Karotten oder Salat bzw. Gemüse

Purintabelle

Die Purin- bzw. Harnsäuretabelle ist die Berechnungsgrundlage für die Fütterung von Dalmatinern und Englischen Bulldoggen. Die Menge von ca. 300 mg Harnsäure pro Tag sollte beim ausgewachsenen, gesunden Dalmatiner / der Englischen Bulldogge eingehalten werden, damit keine Nieren- bzw. Nierensteinprobleme aufgrund der uronephrologischen Erbbesonderheit entstehen (siehe Kapitel 5).

Der Puringehalt der Nahrungsmittel wird heute als gebildete Harnsäure angegeben. Dieser Wert gibt an, wie viel Harnsäure durch die im Nahrungsmittel vorhandene Purinmenge gebildet wird.

alle Angaben in mg pro 100 g Nahrungsmittel

Fleisch	Purin	Harnsäure
Corned Beef, deutsch	21	55
Hammelkotelett	61	146
Hammellende	81	195
Hase	44	105
Hirsch	67	160
Kalb, Schulter	59	140
Kalbsherz	76	180
Kalbsleber	182	460
Kalbsniere	88	210
Kaninchen	55 - 60	130 - 145
Kutteln	59	140
Lammfleisch, Muskelfleisch	76	180
Pferdefleisch	83	200
Reh, Rücken	44	105
Rind, Kamm	50	120

Fleisch	Purin	Harnsäure
Rind, Schulter	46	110
Rinderbrust	38	90
Rinderfilet	46	110
Rinderherz	107	225
Rinderleber	231	550
Rinderlunge	166	400
Rinderniere	112	270
Rinderzunge	67	160
Schwein, Kamm	59	140
Schweineschnitzel	67	160
Schweinekotelett	49	118
Geflügel		
Ente	58	140
Gans	69	165
Huhn, Brust mit Haut	73	175
Huhn, Schlegel mit Haut	46	110
Putenschnitzel	50	120
Truthahn	63	150

Fisch	Purin	Harnsäure
Hering	88	210
Hering, grün, ohne Haut	74	178
Kabeljau (Dorsch)	46	110
Lachs	71	170
Makrele, roh, mit Haut	167	400
Makrele, roh, ohne Haut	75	180
Matjesfilet	92	219
Rotbarsch	100	240
Sardellen	100	240
Sardine	144	345
Schellfisch	58	140
Seezunge	55	130
Sprotten	337	804
Thunfisch in Öl	122	255
Zander	46	110
Ölsardinen	201	480

Milchprodukte	Purin	Harnsäure
Buttermilch	0	0
Joghurt, natur 1,5 %	0	0
Joghurt, natur 3,5 %	3	8
Milch 1,5 %	0	0
Milch 3,5 %	0	0
Sahne, süß	0	0
Sahne, sauer	0	0
Speisequark, mager	0	0
Süßmolke	0	0
Käse		
Brie 50 %	3	7
Camembert 30 % und 45 %	13	30
Edamer 30 %	3	7
Emmentaler 45 %	4	10
Gouda 45 %	7	16
Harzer 10 %	10	24
Hüttenkäse (körniger Frischkäse)	4	9
Parmesan	4	10
Schafskäse	13	30
Schmelzkäse 20 %	11	26
Schmelzkäse 40 %	8	20
Schmelzkäse 60 %	5	13

Gemüse, Kartoffel, Kräuter, Salate	Purin	Harnsäure
Aubergine	8	20
Bambussprossen	13	30
Blumenkohl	19	50
Bohnen, grün, frisch		35 - 40
Brokkoli		80
Chicoree		12
Chinakohl		20
Endivien	4	11
Feldsalat (Rapunzel)	17	40
Fenchel	7	16
Gartenkresse		30
Grünkohl	19	50
Kartoffel	6	15
Kohlrabi	13	30
Kopfsalat	5	13
Kürbis		45
Möhren	6	15
Paprikaschote, grün		55
Petersilienblatt		55

Gemüse, Kartoffel, Kräuter, Salate	Purin	Harnsäure
Porree (Lauch)		75
Radieschen	5	13
Rosenkohl		70
Rote Bete	8	20
Rotkohl		30
Salatgurke	3	7
Sauerampfer	23	55
Sauerkraut	8	20
Schnittlauch		65
Schwarzwurzel		70
Sellerie	13	30
Spargel	10	25
Spinat	21	55
Tomaten	4	10
Weißkohl		20
Wirsing		35
Zucchini	8 - 13	20 - 30
Zuckermais		50

Obst	Purin	Harnsäure
Ananas	8	20
Apfel	6	15
Apfel, getrocknet	25	60
Apfelsine	8	20
Aprikose	8	20
Aprikose, getrocknet	31	73
Banane	24	57
Birne	5	13
Brombeeren	6	15
Erdbeeren	9	21
Himbeeren	8	20
Honigmelone	14	33
Kiwi	8	20
Pfirsich	9	21
Pflaumen	10	25
Wassermelone	8	20
Zuckermelone		35

Sojaprodukt	Purin	Harnsäure
Tofu	29	70

Teigwaren	Purin	Harnsäure
Leinsamenbrot	19	45
Mischbrot	19	45
Nudeln, gekocht		40 - 50
Roggenbrot/Sechskornbrot	28	66
Roggenvollkornbrot	21	50
Vollkornnudeln, gekocht	21	50
Vollkornnudeln, roh	65	157
Weizenbrötchen	17	40
Weizenvollkornbrot	25	60
Weißbrot	17	40
Zwieback	25	60

Getreide	Purin	Harnsäure
Bäckerhefe	286	680
Buchweizen	62	149
Gerstengraupen	34	82
Grieß	23	55
Grünkern	34	82
Grünkerngrieß	53	125
Haferflocken	42	100
Hirse	35	85
Leinsamen		105
Reis, natur	15	35
Reis, weiß	10	25
Reis, poliert	29	70
Reis, unpoliert	42	100
Roggen	21	50
Weizen	21	50
Weizengrieß	34	80

Eier und Fette	Purin	Harnsäure
1 Ei, Gew. Kl. 4	2	5
Butter	0	0
Pflanzenmargarine	0	0
Pflanzenöle	0	0

Übersichtstabelle des Gehaltes an Rohprotein, Phosphor und Kalzium in verschiedenen Lebensmitteln

Die Rohproteintabelle dient als Berechnungsgrundlage für eine gesunde, ausgewogene Ernährung aller Rassen. Merke: Der Mindestbedarf an Protein für den Erhaltungsstoffwechsel eines ausgewachsenen, gesunden Hundes mit normaler Belastung liegt bei 2 g Rohprotein pro Kilogramm Körpergewicht (siehe Kapitel 4, inkl. Berechnungsbeispiele).

Die Ca-P-Tabelle gibt einerseits einen Überblick bezüglich des Kalzium/Phosphor-Verhältnisses in den einzelnen Nahrungsmitteln (es sollte bei 1,3:1 bis 2:1 liegen). Andererseits ist insbesondere der Phosphorgehalt (neben dem Rohproteingehalt) eminent wichtig bei der Fütterung älterer Hunde, an Nierensteinen erkrankter Hunde sowie bei Nierenfunktionsstörungen, denn in diesen Fällen muss stets nicht nur auf einen geringen Rohproteingehalt, sondern auch auf einen geringen Phosphorgehalt geachtet werden. Aber auch beim ausgewachsenen Hund sollte die Nahrung im Interesse der Nieren weder zu phosphor- noch zu eiweißreich sein!

Rohprotein (g/100 g), Phosphor (mg/100 g), Kalzium (mg/100 g)

Fleisch	Rohprotein	Phosphor	Kalzium
Corned Beef	21,7	130	35
Ente	18,1	195	14
Gans	15,7	185	12
Hase	21,6	210	14
Kaninchen	20,8	215	14
Pferdefleisch	20,6	215	9
Rehfleisch	22,4	220	25
Huhn			
Huhn, ganz	19,9	165	13
Brust	22,2	210	14
Keule	18,2	190	15
Hälse, gemahl. m. Knochen	13,2	500	800
Lamm- und Hammelfleisch			
Hammel, Keule	18,0	215	10
Hammel, Kotelett	14,9	140	9
Lamm, Muskelfleisch	20,8	162	13
Putenfleisch			
Puter (Truthahn), ganz	22,4	240	25
Brust	24,1	333	20

Fleisch	Rohprotein	Phosphor	Kalzium
Schweinefleisch			
Kotelett	21,6	150	11
Schnitzel	22,2	170	9
Rindfleisch			
Muskelfleisch	21,3	194	4
Hochrippe	20,6	150	4
Bug, Schulter	20,2	175	4
Hals, Kamm	19,3	160	7
Oberschale	20,7	205	6
Keule	21,0	195	13
Hackfleisch	22,4	190	4
Herz	16,8	180	7
Leber	19,5	350	6

Vormägen und Schlachtabfälle	Rohprotein	Phosphor	Kalzium
Vom Rind			
Pansen, geputzt	12,0	40	20
Pansen, grün	20,0	130	120
Blättermagen	15,0	80	90
Euter	13,0	160	115
Lunge und Schlund	18,0	165	9
Ochsenziemer	84,6		
Sehnen	54,0		
Vom Schwein			
Ohren, getrocknet	65,4		
Schwarten	32,0		

Knochen	Rohprotein	Phosphor	Kalzium
Knochen, Kalb	23,0	6200	13800
Knochen, Schwein	17,0	6900	14700

Fisch	Rohprotein	Phosphor	Kalzium
Hering	18,2	250	35
Kabeljau (Dorsch)	17,7	195	25
Lachs	19,9	255	15
Makrele	18,7	245	12
Rotbarsch	18,2	200	20
Sardine	19,4	260	85
Schellfisch	17,9	175	18
Stockfisch	75,0	450	60
Thunfisch in Öl	24,2	290	10
Thunfisch in Wasser	28,0	190	20
Zander	19,2	195	50

Milchprodukte und Eiprodukte	Rohprotein	Phosphor	Kalzium
Kuhmilch 3,5 %	3,3	90	120
Kuhmilch 1,5 %	3,4	90	120
Milch, Hund	180	200	
Buttermilch	3,5	90	110
Magermilchpulver	35,0	1020	1290
Molke, süß	0,8	45	70
Molkepulver	10,9	575	890
Quark, 40 %	11,2	190	95
Quark, 20 %	12,6	165	85
Quark, mager	13,6	160	90
Joghurt, 3,5 %	3,3	90	120
Joghurt, 1,5 %	3,6	85	115
Sahnejoghurt	3,1	90	120
Schafmilch	5,3	115	185
Ziegenmilch	3,7	110	125 - 130

Milchprodukte und Eiprodukte	Rohprotein	Phosphor	Kalzium
Käse			
Hüttenkäse (körniger Frischkäse)	12,3	150	95
Emmentaler Käse	29,0	625	1030
Frischkäse, 60 %	11,3	135	80
Gouda, 45 %	25,5	445	820
Harzer	30,0	265	125
Mozzarella aus Kuhmilch	19,9	430	630
Parmesan	35,6	745	1180
Ei			
Ei, ganz	12,8	215	55
Eigelb, roh	16,0	590	140
Eigelb, getrocknet	32,0	1.100	280
Eierschalen getrocknet		37.000	

Getreide	Rohprotein	Phosphor	Kalzium
Amarant	14,6	580	215
Buchweizen	9,1	295	20
Gerste	9,8	340	40
Grünkern (Dinkel)	10,8	410	20
Hafer	11,7	340	80
Hirse	9,8	275	10
Mais	8,5	215	8
Quinoa (Reismelde)	13,8	330	80
Roggen (ganzes Korn)	8,8	335	35
Weizen (ganzes Korn)	10,9	340	35
Reis, unpoliert, Naturreisflocken	7,2	280	16
Reis, poliert (weiß)	6,8	115	6
Reis, gekocht	2,1	60	Spuren
Getreideflocken, Brot und Nudeln			
Haferflocken, gekocht	12,5	415	50
Maisflocken, gekocht	7,2	60	13
Maisgrieß, gekocht	10,0	119	
Nudeln, roh	12,3	155	25

Getreide	Rohprotein	Phosphor	Kalzium
Nudeln, gekocht (ca. 10 Min.)	5,0	60	10
Roggenbrot	6,2	120	30
Roggenmehl Type 997	6,9	190	25
Weizenbrot (weiß)	7,6	85	60
Weizenvollkornbrot	7,0	195	30
Weizengrieß, roh	11,4	110	20
Weizengrieß, gekocht	1,3	10	Spuren
Weizenkeime, gekocht	26,6	1020	50
Weizenkleie	14,9	1140	65
Weizenmehl			
Type 405	9,8	75	15
Type 550	9,8	110	17
Type 1050	11,2	210	25
Hefe			
Backhefe, frisch	16,0	610	30
Bierhefe, frisch	14,0		
Bierhefe, getrocknet	47,0	1500	230

Kartoffeln, Gemüse, Kräuter	Rohprotein	Phosphor	Kalzium
Kartoffeln, gekocht	2,0	50	6
Aubergine	1,2	20	12
Bambussprossen	2,5	55	15
Basilikum, getrocknet			2.070
Bleichsellerie	1,2	50	80
Blumenkohl, roh	2,5	50	20
Bohnen, grün, roh	2,4	35	60
Brokkoli, roh	3,5	65	60
Chicoree	1,3	25	25
Dillkraut, getrocknet			1.170
Erbsen, grün, roh	5,8	100	26
Feldsalat	1,8	50	35
Fenchel, roh	2,4	50	110
Gartenkresse	4,2	40	215
Grünkohl, roh	4,3	85	210
Gurken, roh	0,6	17	16
Knoblauch	6,1	135	40
Kopfsalat	1,2	25	20
Kohlrabi, roh	1,9	50	65
Kürbis, roh	1,1	45	20
Linsensamen	23,4	410	65

Kartoffeln, Gemüse, Kräuter	Rohprotein	Phosphor	Kalzium
Löwenzahnblätter	2,9	65	165
Mangold, roh	2,1	40	105
Möhren, roh	1,0	35	35
Pastinake	1,3	80	50
Petersilienblatt, roh	4,4	85	180
Porre (Lauch), roh	2,2	50	65
Rosenkohl	4,5	85	35
Rosmarin, getrocknet		185	1.470
Rote Bete, roh	1,5	45	17
Rotkohl, Blaukraut	1,5	30	35
Salbei, getrocknet			1.170
Sauerkraut, roh	1,5	45	50
Schnittlauch	3,6	75	130
Sellerieknolle	1,6	75	50
Spargel, roh	1,9	45	25
Spinat, roh	2,6	45	115
Thymian, getrocknet			2.070
Tomaten	1,0	20	9
Tomatenmark	2,3	34	60
Wirsing, roh	2,8	55	65
Zucchini, roh	1,9	30	25
Zuckermais, roh	3,3	85	2

Obst	Rohprotein	Phosphor	Kalzium
Ananas, roh	0,5	9	16
Äpfel	0,3	11	6
Aprikosen	0,9	20	16
Bananen	1,2	25	7
Birne	0,5	12	10
Brombeeren	1,2	30	45
Erdbeeren	0,8	25	20
Heidelbeeren	0,6	13	10
Himbeeren	1,3	45	40
Honigmelone	0,9	25	13
Kiwi	1,0	30	40
Mango	0,6	13	12
Papaya	0,6	16	21
Pfirsisch	0,8	20	6
Wassermelonen	0,6	9	7

Sonstiges	Rohprotein	Phosphor	Kalzium
Leinsamen	24,4	660	200
Tofu	9,0	100	90